职业院校"十四五"规划餐饮类专业创新技能型人才培养
新形态一体化系列教材

总主编 ● 杨铭铎

顺德菜制作技艺 （融媒体版）

主 编　王俊光（佛山市顺德区梁銶琚职业技术学校）

副主编　王红梅（顺德职业技术学院）

　　　　谢　林（佛山市顺德区李伟强职业技术学校）

　　　　刘俊杰（佛山市顺德区梁銶琚职业技术学校）

　　　　曾嘉沛（佛山市顺德区梁銶琚职业技术学校）

参　编　（按姓氏笔画排序）

　　　　王艳丽（广东天悦餐饮管理集团有限公司）

　　　　龙凤明（佛山市顺德区梁銶琚职业技术学校）

　　　　刘普畅（佛山市实验技工学校）

　　　　连庚明（佛山市顺德区厨师协会）

　　　　陈欢欢（广州工程技术职业学院）

　　　　陈毅忠（佛山市顺德区凤厨职业技能培训学校）

　　　　席锡春（佛山市南海区九江职业技术学校）

　　　　梁恒娣（佛山市顺德区勒流东风小学）

　　　　蒋伟强（佛山市顺德区委统一战线工作部）

　　　　廖凌云（云浮市中等专业学校）

U0278692

华中科技大学出版社
http://press.hust.edu.cn
中国 · 武汉

内容简介

本书是职业院校"十四五"规划餐饮类专业创新技能型人才培养新形态一体化系列教材。

本书共分为 8 个模块，47 个任务，包括顺德饮食文化篇、主食篇、家畜篇、家禽篇、水产篇、奶蛋篇、素菜篇、产教融合篇。

本书既可作为中职学校烹饪相关专业学生的教材，也可以作为高职学院烹饪相关专业学生的教材，还可用于职业培训。

图书在版编目（CIP）数据

顺德菜制作技艺 / 王俊光主编. -- 武汉：华中科技大学出版社, 2024. 8. -- ISBN 978-7-5772-1094-0

Ⅰ. TS972.182.653

中国国家版本馆CIP数据核字第20242BS871号

顺德菜制作技艺

Shundecai Zhizuo Jiyi

王俊光　主编

策划编辑：汪飒婷

责任编辑：毛晶晶　余　琼

封面设计：金　金

责任校对：朱　霞

责任监印：周治超

出版发行：华中科技大学出版社（中国·武汉）　　电话：（027）81321913

地　　址：武汉市东湖新技术开发区华工科技园　　邮编：430223

录　　排：华中科技大学惠友文印中心

印　　刷：武汉科源印刷设计有限公司

开　　本：889 mm × 1194 mm　1/16

印　　张：11.5

字　　数：280千字

版　　次：2024年8月第1版 第1次印刷

定　　价：49.80 元

投稿邮箱：283018479@qq.com

本书若有印装质量问题，请向出版社营销中心调换

全国免费服务热线：400-6679-118　竭诚为您服务

职业院校"十四五"规划餐饮类专业创新技能型
人才培养新形态一体化系列教材

丛书编审委员会

主任

杨铭铎 教育部职业教育专家组成员、全国餐饮职业教育教学指导委员会副主任委员、中国烹饪协会特邀副会长

委员（按姓氏笔画排序）

王　劲	常州旅游商贸高等职业技术学校校长
田安国	黄冈职业技术学院商学院院长
冯才敏	顺德职业技术学院烹饪学院院长
冯奕东	广西商业技师学院院长
吕新河	南京旅游职业学院烹饪与营养学院院长
刘玉强	辽宁现代服务职业技术学院院长
刘俊新	青岛酒店管理职业技术学院烹饪学院院长
刘雪峰	山东城市服务职业学院中餐学院院长
许映花	广东省外语艺术职业学院餐饮旅游学院院长
苏爱国	江苏旅游职业学院副校长
李　伟	重庆商务职业学院烹饪与继续教育学院党总支书记
李　鑫	浙江商业职业技术学院旅游烹饪学院副院长
杨　洁	酒泉职业技术学院教务处处长兼旅游与烹饪学院党支部书记、院长
吴　菲	黑龙江旅游职业技术学院餐饮管理学院院长
张　江	广东文艺职业学院烹饪与营养学院党总支书记、院长
邵志明	上海旅游高等专科学校酒店与烹饪学院副院长
武国栋	内蒙古商贸职业学院餐饮食品系副主任
赵　娟	山西旅游职业学院副院长
赵福振	海南省烹饪协会秘书长、海南经贸职业技术学院烹饪工艺与营养专业带头人
侯邦云	云南能源职业技术学院现代服务产业学院院长
俞　彤	河源职业技术学院工商管理学院院长
姜　旗	兰州现代职业学院财经商贸学院院长
柴　林	浙江农业商贸职业学院旅游烹饪系主任
高小芹	三峡旅游职业技术学院酒店烹饪学院院长
高敬严	长垣烹饪职业技术学院烹饪工艺与营养学院院长
崔德明	长沙商贸旅游职业技术学院党委副书记、校长
屠瑞旭	南宁职业技术学院健康与旅游学院党委书记、院长
韩昕葵	云南旅游职业学院烹饪学院院长
魏　凯	山东旅游职业学院副院长

网络增值服务

使 用 说 明

欢迎使用华中科技大学出版社教学资源服务网

 1 教师使用流程

（1）登录网址：**http://bookcenter.hustp.com**（注册时请选择教师用户）

注册 ＞ 登录 ＞ 完善个人信息 ＞ 等待审核

（2）审核通过后，您可以在网站使用以下功能：

浏览教学资源　　建立课程　　管理学生　　布置作业　查询学生学习记录等

教师

2 学员使用流程

（建议学员在PC端完成注册、登录、完善个人信息的操作。）

（1）PC 端操作步骤

① 登录网址：http://bookcenter.hustp.com（注册时请选择普通用户）

注册 ＞ 登录 ＞ 完善个人信息

② 查看课程资源：（如有学习码，请在个人中心－学习码验证中先验证，再进行操作。）

选择
课程

首页课程 ＞ 课程详情页 ＞ 查看课程资源

（2）手机端扫码操作步骤

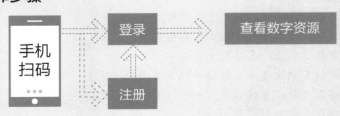

总序

加强餐饮教材建设，提高人才培养质量

餐饮业是第三产业的重要组成部分，改革开放 40 多年来，随着人们生活水平的提高，作为传统服务性行业，餐饮业在刺激消费、推动经济增长方面发挥了重要作用，在扩大内需、繁荣市场、吸纳就业和提高人们生活质量等方面都做出了积极贡献。就经济贡献而言，2022 年，全国餐饮收入 43941 亿元，占社会消费品零售总额的 10.0%。全国餐饮收入增速、限额以上单位餐饮收入增速分别相较上一年下降 24.9%、29.4%，较社会消费品零售总额增幅低 6.1%。2022 年餐饮市场经受了新冠疫情的冲击、国内经济下行压力等多重考验，充分展现了餐饮经济韧性强、潜力大、活力足等特点，虽面对多种不利因素，但各大餐饮企业仍然通过多种方式积极开展自救，相关政策也在支持餐饮业复苏。党的二十大吹响了全面建设社会主义现代化国家、全面推进中华民族伟大复兴的奋进号角，作为人民基本需求的饮食生活，餐饮业的发展与否，不仅关系到能否在扩内需、促消费、稳增长、惠民生方面发挥市场主体的重要作用，而且关系到能否满足人民对美好生活的需求。

一个产业的发展离不开人才支撑。科教兴国、人才强国是我国发展的关键战略。餐饮业的发展同样需要科教兴业、人才强业。经过 60 多年，特别是改革开放后 40 多年的发展，目前餐饮烹饪教育在办学层次上形成了中等职业学校、高等职业学校、本科（职业本科和职业技术师范本科）、硕士、博士五个办学层次，在办学类型上形成了烹饪职业技术教育、烹饪职业技术师范教育、烹饪学科教育三个办学类型，在举办学校上形成了中等职业学校、高等职业学校、高等师范院校、普通高等学校的办学格局。

我曾经在拙著《烹饪教育研究新论》后记中写道：如果说我在餐饮烹饪领域有所收获的话，有一个坚守（30 多年一直坚守在餐饮烹饪教育领域）值得欣慰，有两个选择（一是选择了教师职业，二是选择了餐饮烹饪专业）值得庆幸，有三个平台（学校的平台、教育部平台、非政府组织（NGO）——行业协会平台）值得感谢。可以说，"一个坚守，两个选择，三个平台"是我在餐饮烹饪领域有所收获的基础和前提。

我从行政岗位退下来后，时间充裕了，就更加关注餐饮烹饪教育，探讨餐饮烹饪教育的内在发展规律，并关注不同层次餐饮烹饪教育的教材建设，特别感谢华中科技大学出版社给了我一个新的平台。在这个平台，一方面我出版了专著《烹饪教育研究新论》，把 30 多年的教学和科研经验及体会呈现给餐饮烹饪教育界；另一方面我与出版社共同承担了 2018 年在全国餐饮职业教育教学指导委员会立项的重点课题"基于烹饪专业人才培养目标的中高职课程体系与教材开发研究"（CYHZWZD201810）。该课题以培养目标为切入点，明晰烹饪专业人才的培养规格；以职业技能为结合点，确保烹饪人才与社会职业的有效对接；以课程体系为关键点，通过课程结构与课程标准精准实现培养目标；以教材开发为落脚点，开发教学过程与生产过程对接、中高职衔接的两套烹饪专业课程系列教材。这一课题的创新点在于研究与编写相结合，中职与高职同步，学生用教材与教师用参考书相联系。编写出的中职、高职烹饪专业系列教材，解决了烹饪专业理论课程与职业技能课程脱节，专业理论课程设置重复，烹饪技能课交叉，职业技能倒挂，中职、高职教材内容拉不开差距等问题，是国务院《国家职业教育改革实施方案》完善教育教学相关标准中"持续更新并推进专业目录、专业教学标准、课程标准、顶岗实习标准、实训条件建设标准（仪器设备配备规范）建设和在职业院校落地实施"这一要求在餐饮烹饪职业教育落实的具体举措。《烹饪教育研究新论》和重点课题均获中餐科技进步奖一等奖。基于此，时任中国烹饪协会会长、全国餐饮职业教育教学指导委员会主任委员姜俊贤先生向全国餐饮烹饪院校和餐饮行业推荐这两套烹饪专业教材。

进入新时代，我国职业教育受到了国家层面前所未有的高度重视。在习近平总书记关于职业教育的系列重要讲话指引下，国家出台了系列政策，国务院《国家职业教育改革实施方案》（简称职教20条），中共中央办公厅、国务院办公厅《关于推动现代职业教育高质量发展的意见》（简称职教22条），中共中央办公厅、国务院办公厅《关于深化现代职业教育体系建设改革的意见》（简称职教14条），以及新的《中华人民共和国职业教育法》颁布后，职业教育出现了大发展的良好局面。

在此背景下，餐饮烹饪职业教育也取得了令人瞩目的进展，其中从2021年3月教育部印发的《职业教育专业目录（2021年）》到2022年9月教育部发布的《职业教育专业简介》（2022年修订），为餐饮类专业提供了基本信息与人才培养核心要素的标准文本，对于落实立德树人的根本任务，规范餐饮烹饪职业院校教育教学、深化育人模式改革、提高人才培养质量等具有重要基础性意义，同时为餐饮烹饪职业教育的发展提供了良好的契机。

新目录、新简介、新教学标准，必然要有配套的新课程、新教材。国家在教学改革方面反复强调"三教"改革。当前，以职业教育教师、教材、教法为主的"三教"改革进入落实攻坚阶段，成为推进职业教育高质量发展的重要抓手。教材建设是其中一个重要的方面，国家对教材建设提出"制定高职教育教材标准""开发教材信息化资源"和"及时动态更新教材内容"三个核心要求。

进入新时代，适应新形势，达到高标准，我们启动新一批教材的开发工作。它包括但不限于新版专业目录下的第一批中高职教材（2018年以来）的提档升级，新开设的职业本科烹饪与餐饮管理专业教材的编写，相关省、市、地方特色系列教材以及服务于餐饮行业和饮食文化等方面教材的编写。与第一批教材建设相同，第二批教材建设也是作为一个体系来推进的。

一是以平台为依托。教材开发的最终平台是出版机构。华中科技大学出版社（简称"华中出版"）创建于1980年，是教育部直属综合性重点大学出版社，建社近40年来，秉承"超越传统出版，影响未来文化"的发展理念，打造了一支专业化的出版人才队伍和具备现代企业管理能力的职业化管理团队。在教材的出版上拥有丰富的经验，每年出版图书近3000种，服务全国3000多所大中专院校的教材建设。该社于2018年全方位启动餐饮类专业教材的策划和出版，已有中职、高职专科、本科三个层次若干种教材问世，并取得了令人瞩目的成绩。目前该社已有餐饮类"十三五"职业教育国家规划教材1种，"十四五"职业教育国家规划教材7种，"十四五"

职业教育省级规划教材 7 种。特别令人欣慰的是，编辑团队已经不再囿于传统方式编写和推销教材，而是从国家宏观层面把握教材，到中观层面研究餐饮教育规律，最后从微观层面使教材编写与出版落地，服务于"三教"改革。

二是以团队为根本。不同层次、不同课程的教材要服务于全国餐饮相关专业，其教材开发者（编著者）应来自全国各地的院校、教学研究机构和行业企业，具有代表性；领衔者应是这一领域有影响力的专家，具有权威性；同时考虑编写队伍专业、职称、年龄、学校、行业企业、研究部门的结构，最终通过教材建设，形成跨地区、跨界的某一领域的编写团队，达到建设学术共同体的目的。

三是以项目为载体。编写工作项目化，教材建设不只是就编而编，而是应该将其与科研、教研项目有机结合起来，例如，高职本科"烹饪与餐饮管理"专业系列教材就是在哈尔滨商业大学承担的第二批国家级职业教育教师教学创新团队（烹饪与餐饮管理专业）与课题研究项目的基础上开展的。高职"餐饮智能管理"专业系列教材是基于长沙商贸旅游职业技术学院承担的第二批国家级职业教育教师教学创新团队（"餐饮智能管理"专业）和上述哈尔滨商业大学课题研究项目的子课题。还有全国、各省（自治区、直辖市）成立的餐饮烹饪专业联盟、餐饮（烹饪）职教集团、共同体的立项；一些地区在教育行政部门、教育研究部门、行业协会以及学校自身等立项，达到"问题即是课题，课题解决问题"的目的。

四是以成果为目标。从需求导向、问题导向再到成果导向，这是教材开发的原则，教材开发不是孤立的，故成果是成系列的。在国家政策、方针指引下，国家层面的专业目录、专业简介框架下，形成专业教学标准、具有地方和院校特色的人才培养方案、课程标准、教学模式和方法。形成成果的内容如下：确定了中职、高职专科、本科各层次培养目标与规格；确定了教材中体现人才培养中的中职技术技能、高职专科高层次技术技能、本科高素质技术技能三个层次的形式；形成了与教材相适应的项目式、任务式、案例式、行动导向、工作过程系统化、理实一体化、实验调查式、模拟式、导学式等教学模式。成果的形式应体现教材的新形态，如工作手册式、活页式、纸数融合、融媒体，特别是要吸收 VR、AR，可视化、智能化、数字化技术。这些成果既可以作为课题的一部分，也可以作为论文、研究报告等单项独立的成果，最后都能物化到教材中。

五是以共享为机制。在华中出版的平台上，以教材开发为抓手，通过组成全国性的开发团队，在项目实施中通过对教育教学开展系列研究，把握具有特色的餐饮烹饪教育规律，形成共享机制，一方面提升教材开发团队每一位参与者的综合素质，加强团队建设；另一方面新形态一体化教材具有科学性、先进性、实用性，应用于教学能大大提高餐饮烹饪人才培养质量。做到教材开发中所形成的一系列成果被教材开发者、使用者等所有相关者共享。

党的二十大报告指出，统筹职业教育、高等教育、继续教育协同创新，推进职普融通、产教融合、科教融汇，优化职业教育类型定位。中共中央办公厅、国务院办公厅《关于深化现代职业教育体系建设改革的意见》提出了"一体、两翼、五重点"，"一体"是探索省域现代职业教育建设新模式；"两翼"是打造市域产教融合体，打造行业产教融合共同体；"五重点"包括提升职业学校关键办学能力、加强"双师型"教师队伍建设、建设开放型区域产教融合实践中心、拓宽学生成长成才通道、创新国际交流与合作机制。其中重点提出要打造"四个核心"，即打造职业教育核心课程、核心教材、核心实践项目、核心师资团队。这为我们在餐饮烹饪职业教育上发力指明了方向。

　　随着经济社会的快速发展，餐饮业必将迎来更加繁荣的时代。为满足日益发展的餐饮业需求，提升餐饮烹饪人才培养质量，我们期待全国餐饮烹饪教育工作者紧密合作，与餐饮企业家、行业专家共同推动餐饮业的快速发展。让我们携手，共同推动餐饮烹饪教育和餐饮业的发展，为建设一个富强、民主、文明、和谐、美丽的社会主义现代化强国贡献力量。

杨铭铎

博士，教授，博士生导师

哈尔滨商业大学中式快餐研究发展中心博士后科研基地主任

哈尔滨商业大学党委原副书记、副校长

全国餐饮职业教育教学指导委员会副主任委员

中国烹饪协会餐饮教育工作委员会主席

序

　　顺德旧称凤城，位于广东南部，是中国著名的鱼米之乡、美食之乡。顺德自古以来便是富庶之地，人民在农作之余，喜用本地物产精心烹调，并互相品评，整体厨艺颇高。21世纪初，在我国广州、港澳地区及东南亚国家一些城市从事厨师工作的顺德人日渐增多，使顺德烹调技艺得到进一步推广，顺德美食日渐驰名于外，并形成"食在广州，厨出凤城"的说法。2004年10月，顺德被中国烹饪协会评为"中国厨师之乡"，顺德成为名副其实的厨师摇篮之一。

　　2014年12月，联合国教科文组织官方网站发布消息，顺德成功获得"世界美食之都"称号。在此之后，顺德餐饮业发生了巨大的变化：顺德餐饮企业数量从2014年的约6000家增加到2023年的超30000家；餐饮业年收入从2014年的约94亿元增长到2021年的超百亿元；餐饮从业人员超过10万人，其中有40余位"中国烹饪大师"、20余位"中国烹饪名师"；双皮奶等多种名特小吃入选"中华名小吃"名录……

　　提到"中国厨师之乡""世界美食之都"，佛山市顺德区梁銶琚职业技术学校功不可没，它为顺德、广东乃至全国培养了大批高素质的粤菜厨师，在餐饮行业发挥着举足轻重的作用。该校是顺德地区最早开设中餐烹饪专业的中职学校，其烹饪专业在教学模式改革、师资队伍建设、教材编写等方面均颇有建树，在产教融合方面成果突出。其烹饪专业课程能够根据行业发展需要和职业岗位实际工作任务所需要的知识、能力、素质要求安排教学内容，采用"模块化"的教学模式，使教与学紧密结合，使理论与实践一体化，为学生今后的发展奠定了良好的基础。

　　我退休后到顺德生活，对顺德烹饪教育有着较为深入的了解，并且与王俊光老师有过多次交流。他是烹饪教育领域的佼佼者，对顺德菜的烹饪技艺和历史文化有着深入的研究，并取得了丰硕的成果。他撰写了20余篇有关顺德饮食文化的论文，编写了7本烹饪教材，且专业技能突出。王俊光老师的研究成果为顺德烹饪教育的传承和发展做出了重要的贡献。

　　我认为顺德烹饪教育模式有着鲜明的特色。顺德烹饪教育注重实践操作和理论知识相结合，强调培养学生的实际操作能力，同时注重传统和创新的结合。这种教育模式培养出了大量的优秀厨师。

　　然而，顺德烹饪教育也存在一些问题和挑战，如教育资源分配不均、教育质量参差不齐等。因此，我建议顺德烹饪教育应该加强资源整合和优化，提高教育质量，以培养更多的优秀人才。

　　《顺德菜制作技艺》这本书对研究顺德饮食文化的传承和发展有着重要参考价值，也是对顺德烹饪教育的一次总结和提升。我希望，这本书的出版能促使更多的人了解和关注顺德饮食文化，推动顺德烹饪教育进一步发展。同时，我也希望顺德烹饪教育能够在未来继续保持其优势和特色，为中国的饮食文化传承和发展做出更大的贡献！

杨铭铎

全国餐饮职业教育教学指导委员会副主任委员

前言

党的二十大报告指出："治国有常，利民为本。为民造福是立党为公、执政为民的本质要求。必须坚持在发展中保障和改善民生，鼓励共同奋斗创造美好生活，不断实现人民对美好生活的向往。"中国素有"烹饪王国"之称，饮食文化源远流长。民以食为天，饮食是人们生活中的头等大事，更是创造美好生活、温暖百姓心窝的关键内容。

近年来，随着《寻味顺德》《舌尖上的中国》等美食纪录片在各大媒体播出，越来越多的游客慕名前往品尝顺德美食。顺德是粤菜的发源地之一、中国厨师之乡、世界美食之都，顺德美食早已成为顺德城市名片中闪亮的招牌。

"食在广州，厨出凤城"，这句俗谚形成于清末，至今广为流传，并得到公认。"中国厨师之乡"的美誉名副其实。然而，顺德的烹饪教育与扬州、成都相比却明显落后，地方饮食文化与传统菜肴技艺没有得到系统的归纳、整理，导致烹饪教学没有地方特色教材可用。顺德菜需要传承与发展，人才培养是关键，教材则是首要问题。顺德区梁銶琚职业技术学校的烹饪专业经过20余年办学的沉淀，在原有《粤菜热菜烹饪——顺德篇》校本教材的基础上进行归纳整理，于2019年正式出版了《顺德传统菜肴制作》教材，并投入教学使用。在产教融合的新的大背景下，顺德烹饪教学也应与时俱进。于是政校企多家单位共同参与编写了本教材。

本教材共分为8个模块，47个任务，内容包括顺德饮食文化、产教融合等模块。本教材具有以下特点。

（一）产教融合，校政企协多方参与

参照顺德菜团体标准，严格把关原料配比、制作流程等，标准化呈现每种菜肴，如糖醋汁、豉汁等都有真实准确的配比，提高了学习效率，也为菜肴标准化的研发提供了参考。厨师协会、地方龙头企业等多方参与，以顺德地区酒店销售的常见菜肴为任务，对标中餐厨师实际工作任务，注重对岗位能力和职业素养的培养。

（二）课证融通，内容融入考证菜肴

各项任务既介绍了顺德菜，同时也将"1+X"粤菜制作职业技能等级证书考试、中式烹调师职业资格考试中的考证菜肴融入其中，如脆皮乳鸽、糖醋生炒骨、大良炒牛奶等近20种菜肴是常考内容，以助力相关证书考试。

（三）图文并茂，数字化资源丰富

47个任务都配有清晰的情境图或制作工艺流程图，图片下有文字解释，将每个知识点生动地展示出来。同时，本教材还配有高质量的教学视频，并以二维码的形式呈现，可扫码观看。此外，编写团队还建设了线上精品课程。本教材课件、思考题、教学视频等一应俱全，让"教"和"学"变得简单、快乐。

本教材既可作为中职学校烹饪相关专业学生的教材，也可以作为高职院校烹饪相关专业学生的教材，还可用于职业培训。

本教材由佛山市顺德区梁銶琚职业技术学校王俊光担任主编，负责教材的框架设计、统筹分工、定稿、编写等工作。

在本教材的编写过程中，编者参阅了大量文献，在此对这些文献的作者深表谢意。本教材的编写得到了佛山市顺德区文化广电旅游体育局、佛山市顺德区委统一战线工作部、佛山市顺德区厨师协会、佛山市顺德区华侨粤菜文化促进会及杨铭铎教授、汪飒婷编辑等的大力支持，再次对给予我们支持和帮助的单位和个人表示深深的谢意！

鉴于编者的学识和时间有限，书中难免有疏漏之处，我们企盼在今后的教学中有所改进和提高，恳请广大读者批评指正。

编　者

目录

模块八　产教融合篇　133

模块一
顺德饮食文化篇

模块导学

扫码看课件

　　顺德位于珠江三角洲平原的中部。顺德饮食文化源远流长，天下闻名，自古便有"食在广州，厨出凤城（顺德别称）"的说法。2014 年 12 月，联合国教科文组织授予广东顺德"世界美食之都"的称号，顺德成为中国第二个获此殊荣的城市，也是全世界第六个获此殊荣的城市。本模块通过介绍顺德饮食文化、顺德镇街美食、顺德特色食品原料等，使学生能切身感受"一方水土养一方人"的顺德饮食文化。

模块目标

　　知识教学目标：学习顺德饮食文化的成因与发展历程，了解顺德镇街美食、顺德特色食品原料。

　　能力培养目标：通过对本模块的学习，能够总结顺德饮食文化的成因，并叙述出顺德饮食文化的发展历程，顺德美食的种类与食品原料特点。

　　职业情感目标：培养学生对美食的追求，提高职业认同感和对我国传统饮食文化的自豪感，激发学生学习与探索美食的乐趣。

任务一　顺德饮食文化的历史及发展状况分析

顺德概况

顺德区位于珠江三角洲平原的中部，正北方是广州市，西北方为佛山市中心，东连番禺，北接南海，西邻新会，南接中山。距广州30余千米，距香港120余千米（69海里），距澳门约80千米。地处东经113度1分、北纬22度40分至23度20分之间，总面积约806平方千米。

顺德区大部分属于由江河冲积而成的河口三角洲平原，地势西北略高，海拔约2米，东南稍低，海拔约0.7米，分布着一些零散的小山丘。顺德区四周山岭环列，最高山为西部龙江镇的锦屏山，其次为东南部旧寨的顺峰山（即睡半岗）。

顺峰山公园牌坊

顺德区内河流纵横，水网交织，主要河道有16条。主要河流依地势从西北流向东南，河面宽度一般为200～300米，水深5～10米。主要水道有西江干流、平洲水道等。多数河流河床较深，利于通航、灌溉、养殖及发电。顺德水系受洪水和潮汐影响很大，每年4—9月为洪水期，其余时间属枯水期。

顺德区内除少数山丘外，绝大部分为冲积土壤，富含各种有机物质，适合农作物生长。耕地类型大致可分以下三种。

（1）基塘区：分布最广，主要集中在西北、西南和中部，地势低洼，耕作层厚，粉砂居多，土质疏松，酸性较大。历代农民利用低洼地深挖成塘，将挖出来的泥土堆高成基，塘里养鱼，基上种桑，桑叶摘来养蚕的副产品又拿去饲鱼，基上和塘边还可以种薯、豆、麦、粟、瓜、菜、蕉、油料作物、果树等。

（2）沙围田区：东北和东南部分布较多，是冲积沙田，土层深厚、土质肥沃、水分充足，适合

顺德桑基鱼塘

Note

种植双季水稻，间可种植甘蔗。

（3）低丘陵谷底区：零星散布，总数不多，土壤干燥，硬砂较多，肥分低，水分不足。山脚和山坑地可种双季水稻，山坡地适宜种植旱作物，如番薯、木薯、花生、豆类等。

顺德区地处北回归线以南，属亚热带海洋性季风气候，日照时间长，雨量充沛，常年温暖湿润，四季如春，景色怡人。

历史上的顺德饮食文化

顺德饮食起源于秦汉，孕育于唐宋，成型于明代，兴盛于清代中期，鼎盛于20世纪初期，辉煌于当今。也有学者认为，顺德菜是构成广州菜的重要组成部分，其发展轨迹与广州菜大致相同，起源于古代岭南地区，形成于秦汉至隋唐时期，发展于明清之时。

秦汉时顺德先民已擅长于渔业农耕，形成了"杂食"、食生和嗜食海鲜的饮食习惯。顺德饮食丰富多彩，古代人们便已懂得用蔗糖调味。繁杂的饮食

顺德慈善万人龙舟宴

习惯磨砺出顺德不拘物料、天生天养的饮食文化源头和务实开放、兼容博取、积极乐观、道法自然的文化底色。唐代，顺德人已过上"天天鱼做菜，隔日鱼煲汤"的滋润生活，并练就烹鱼吃虾的精湛技艺，煮、炙、炸、蒸、炒、烧、煎、炖、拌等多种烹调技法已大行其道，烹蟹、烹蚝等方法流传至今。

宋代，"罗汉斋"等菜肴传至珠江三角洲地区。

明代，顺德成为珠江三角洲地区重要的商品农业区，大良、陈村等成为广州附近经济实力较强的地区，讲究饮食之风逐渐盛行。牛乳饼、伦教糕、龙江煎堆等精制风味小吃相继问世。

清代，随着民族工业和商品农业的进一步发展，顺德饮食文化更上一层楼。顺德人以奇特的"南烹"独树一帜，顺德众多圩镇纷纷推出地方名菜名点或名酒，令外地来客停箸称奇。

20世纪初期，顺德美食更是精彩纷呈，大良野鸡卷、顶骨大鳝、大内田鸡、烧笋尾、酿鲮鱼、双皮奶等纷纷涌现，并传至广州、港澳地区等，深受食客欢迎，成为粤菜经典。

改革开放后，顺德饮食文化迎来了黄金时代。顺德人与时俱进，推出了一品海参、秘制网鲍、肘子鸡炖勾翅、水鱼炖翅、牛奶炒龙虾球等精美高档的菜肴，使顺德菜逐渐登上粤菜顶峰，引领新世纪的饮食潮流。

人们在基塘捕鱼和劳作

回顾历史,我们可以看到顺德美食其实是岭南美食,顺德是粤菜的重要发源地,对广东饮食文化产生着深远而持久的影响。直到今天,粤菜仍然闪动着顺德大厨们活跃的身影和智慧的火花。

现代顺德饮食文化

党的二十大报告中提到:促进人与自然和谐共生,推动构建人类命运共同体,创造人类文明新形态。顺德饮食文化因地制宜,适时变通,不仅推进了人与自然和谐共生,也创造了现代顺德饮食文化的新形态。

顺德饮食文化积淀深厚,内涵丰富,具有极其浓厚的岭南特色,是中华饮食文化园中的一朵奇葩。随着国际经济的不断发展和人民生活水平的日益提高,以及旅游业的蓬勃兴起,人们对饮食文化的追求已从温饱型转向质量型,从生存型转向享受型,越来越注重遵循健康、营养、科学的饮食理念下的色、香、味俱全的饮食结构。顺德饮食文化应在以下几个方面继续发展和创新。

（一）突出传统特色,打造经典名菜

顺德菜有着鲜明的个性,经过历史的洗礼而经久不衰,产生了一系列经典菜肴,体现了顺德的人文特色和精神风貌。顺德饮食经过百年历史的洗礼愈发显现出强大的生命力,应打造顺德精品菜,挖掘、整理、升华、弘扬顺德饮食文化,发挥顺德饮食文化的独特优势。

（二）改善饮食结构,创新饮食理念

随着时代的发展,人们对饮食结构和营养搭配的要求在不断提高,逐渐崇尚低盐、低糖、低热量、低脂肪的科学饮食。在饮食结构上,应提倡多样食物合理搭配,各种营养素均衡,重点发展食疗品种,推出食疗菜系。

（三）利用新原料,创新饮食品种

近年来,越来越多的消费者追求卫生、健康、安全、科学的食品。饮食品种的创新要迎合消费者的追求。可从以下几个方面对饮食品种进行创新:一是推出保健食品,即预防肥胖及胆固醇升高、保持人体生态平衡的食品;二是推出绿色食品,即安全、无害、无污染的食品;三是推出营养食品,即能补充人体所缺乏的各种微量元素,可增强体力和开发智力的食品。

顺德美食

（四）开发名优小吃,凸显地方特色

顺德小吃品种繁多,双皮奶、南乳花生、大良蹦砂、龙江煎堆、伦教糕等远近闻名。随着社会经济的发展和人们生活水平的逐步提高，开发名优小吃对传承人类文化遗产、发展第三产业、促进地方经济发展都大有好处，所以顺德饮食应充分利用这一优势，开发名优小吃，凸显地方特色。

（五）创新饮食艺术，开拓饮食文化新境界

顺德菜具有形式美的特点，体现了烹饪的艺术性。顺德饮食应注重文化因素的挖掘与开发，研究色、香、味、形的完美统一，将食品视为艺术品，将绘画、雕塑、乐舞乃至诗词等艺术作品的创作、创新精神运用到饮食制作过程中，创作出受广大消费者喜欢的名馔佳肴，实现从技术到艺术的质的飞跃。顺德饮食还应把握发展趋势，注重自身需求与食品营养结构的结合，注重环境与饮食目的的结合，注重餐饮与休闲活动的结合，积极开拓休闲时代的饮食文化。

（六）医食同源，食医合一

中国人自古以来就主张人与自然和谐统一，医食相互补益，相得益彰。顺德饮食文化很好地保留了这一特点。根据顺德所处的地理位置和气候特点，顺德菜式讲究合时，如夏秋菜式以消暑祛热为主，冬春菜式则以营养滋补为主，注重食疗和养生。

顺德美食注重新鲜，而顺德地处炎方，气候酷热，食品保鲜殊为不易。顺德厨师们知难而进。保持食物新鲜并追求美食的鲜味，成了顺德厨师们的重要功课。在顺德厨师的烹调技法中，煎、炸的食品只可偶一为之，因为顺德人坚信这些食品会导致"上火"，从而引发阴阳失调和许多疾病。从现代营养学的角度来说，许多食材中重要的营养成分，在高温条件下会发生化学反应，导致食材的营养结构被破坏，进而导致饮食的不健康。

顺德美食节夜景

顺德菜区别于其他菜系的最大特征，就是当今中餐所追求的"养"——健康和营养。如川菜以麻辣味见长，扬州菜以刀工征服食客，中餐中以健康和营养为首要特色的，莫过于顺德菜。

中国饮食文化历史之悠久、内容之丰富、烹饪技术之精湛，堪称世界典范。顺德饮食文化要争取站在新时代的潮头，研究适应新时代的饮食理念、饮食方式和饮食艺术，开辟顺德饮食文化的新空间。

任务二　顺德镇街美食

　　广东顺德是我国著名餐饮品牌高度密集的地区之一。顺德有4个街道、6个镇，分别是大良、容桂、伦教、勒流街道，均安、杏坛、北滘、陈村、乐从、龙江镇，各有其地道的代表性美食，如大良街道的大良双皮奶、金榜牛乳、凤城四杯鸡、大良蹦砂等；容桂街道的猪脚姜、彭公鹅、鸡仔饼等；伦教街道的伦教糕、羊额烧鹅等；勒流街道的黄连烧鹅、勒流水蛇粥等；均安镇的均安鱼饼、均安蒸猪等；乐从镇的乐从鱼腐、玉簪田鸡腿等；陈村镇的陈村粉、陈村花宴等；北滘镇的香芋扣肉、虾子云吞面等；杏坛镇的酿鲮鱼等；龙江镇的龙江煎堆、龙江米沙肉等。

　　顺德是"中国厨师之乡"，其中心城区大良街道荣获"中华餐饮名镇"称号，勒流镇享有"中华美食名镇"美誉，陈村镇被授予"中华花卉美食名镇"称号。目前，顺德拥有"中华餐饮名店"20余家，"中华名小吃"10余种。在中国烹饪世界大赛和全国烹饪技能竞赛中，顺德的多款名菜美点"披金戴银"。在顺德厨师精湛的厨艺和顺德"全民皆厨"的浓郁氛围下，"顺德是粤菜之源"这一说法并非过誉，只要有粤菜的地方，就有顺德厨师，就有顺德美食。顺德美食灿若繁星，各镇街特色美食更是深远地影响着粤菜历史发展与创新潮流。

　　顺德厨师在中国甚至世界上都颇有名气。顺德小吃来自民间，植根于千家万户、大街小巷，是千百年来顺德人智慧的结晶，它与顺德菜互相依存，共同发展，是顺德饮食文化的奇葩。顺德的风味小吃种类繁多，简朴纯正，原汁原味，不掺假，不取巧，全凭店主的良心、诚信与德行，全凭祖训和家传绝技以及扎实的基本功，历来以质好味佳、价廉物美取胜，赢得了大众的口碑和食家的赞誉。如清香润滑的双皮奶、香脆可口的蹦砂、清甜爽滑的伦教糕、松脆甘香的煎堆等。

大良街道

金　榜　牛　乳

　　大良金榜牛乳素有"东方奶酪"之称，其需全手工制作，每一个步骤都凝结了顺德人代代相传的智慧。

　　金榜牛乳呈圆形，一片片，白莹莹，还有花纹图案，简直是可吃可赏的艺术品。它薄而不脆，味略咸而发出淡淡奶香（故又称"咸乳酪"），营养丰富，不肥不腻，有正气补身之妙，正如美食家唯灵先生所言，其咸香可口，是下饭送粥的妙品，特别适合小儿及患者食用。牛乳最好放入白粥中，这样可令清淡的粥更清香软滑，且有清热下火功效，如果喉咙不适，将牛乳放开水中冲饮，状况可改善。牛乳烂饭是小儿的理想食品。用牛乳粥水打边炉，是新潮食法，粥水中加入牛乳，滚至水乳交融，用以浸鱼，不仅平添一份润滑，还增添一份乳香。牛乳粥水浸鲫鱼片就是顺德一款时尚佳肴。长期制作牛乳的人皮肤通常比普通人光滑、娇嫩，可能由牛乳滋润所致。在科技尚不发达时，顺德人仅用醋与盐就能让牛奶凝固，将鲜美味道固化保留；在吃前入粥冲水，即可让牛奶"复活"，鲜香溢出。可以说，金榜牛乳是西方奶酪的中国"变奏"。

金榜牛乳

大良双皮奶

相传就在 20 世纪 20 年代初，一位名为董孝华的大良白石村人，为人敦厚、勤奋，以养水牛、挤牛奶、做牛乳饼维持生计。岭南湿热，为了让牛奶保鲜，董孝华试着将牛奶用猛火煮熟，意外的是，他发现热牛奶冷却后，竟结下一层又甘又滑的皮。于是，他突发奇想，再炖一次，于是就创制了"加皮"的双皮奶。此食物奶香浓郁，辅以蜜糖，牛奶凝脂后化为一道佳肴。

大良双皮奶

双皮奶原料简单，只需水牛奶、白糖和鸡蛋清。正宗双皮奶要经过加热、留皮等制作工艺，原料搭配及火候控制是关键，鸡蛋控制奶的浓稠度，糖控制奶的奶香度。制作双奶皮需选用吃草料的水牛所产的新鲜水牛奶，其乳脂含量比普通牛奶高，能凝固出结实的奶皮，再加上水分少，奶香格外浓郁。将水牛奶煮滚后倒入小碗内，滚烫的牛奶接触到碗壁和空气，迅速冷却，脂肪颗粒凝固成致密厚实的奶皮，这就是双皮奶的第一层皮。待牛奶完全冷却后，用筷子在奶皮上戳开一个小孔，将奶液轻轻倒出，让奶皮留在碗底。再将倒出的奶液按秘方混合鸡蛋清和白糖，充分搅拌并过滤后，倒入有奶皮的碗中，使奶皮在下，鲜奶在上，隔水炖 20 ～ 30 min，表面会凝固另一层皮，故命名双皮奶。如今，大良双皮奶不断推陈出新，有红豆双皮奶、莲子双皮奶等十余个品种。

均安镇

均 安 鱼 饼

美食家唯灵先生称赞均安鱼饼是风味独特的佳肴。香港食神梁文韬在他的著作《点酱美食》中写道：均安有个逾百年的名小吃，叫均安鱼饼，把鲮鱼打成饼，煎香后蘸蚬蚧酱吃。均安鱼饼的具体做法如下：选重约 250 g 的鲜活鲮鱼，剥皮起肉剁成蓉，加入盐、味精打至有弹力感，加入适量清水、生粉搅匀再摔打，放入腊肠粒、马蹄粒等配料拌匀成胶糊，放入下垫湿蕉叶的圆形篾模（今多用铜模）内，脱出，下油锅，用小火煎至两面起微黄色即成。均安鱼饼看似制作简易，其实大有学问。首先其用料非常讲究，粉、盐、水的搭配要根据季节、天气的变化准确掌握。先将鲮鱼去皮切薄片剁成蓉，破坏其肌肉纤维，使蛋白质尽量析出。反复均匀摔打后加入配料顺时针搅拌，这样产生的

均安鱼饼

应力集中，能有效地破坏蛋白质原有的空间结构而形成三维网状空间结构，使蛋白质从溶胶状态变成凝胶状态，增强鱼蓉的黏度和弹性。这样制成的鱼饼爽滑油润，有"弹牙感"。

由于均安鱼饼香气扑鼻，爽滑甘美，外焦香而内鲜嫩，很受群众欢迎，逐渐成为远近闻名的美食，并传至中山海洲、江门新会乃至港澳地区等地。

均 安 蒸 猪

某年端午节，均安沙浦村的龙舟在龙舟大赛中进入"三甲"，赛前打赌的一位"大耕家"认赌服输，给"扒仔们"送来一只活猪，"扒仔们"鉴于奖品已有烧猪，便决定把活猪宰了蒸着吃，以变换一下口味。经过百年的薪火相承，均安蒸猪在用具和制法上不断改良和优化，成为当地的名菜。

此菜皮滑肉爽，腴美肥嫩，入口酥化，令人含而不忍吞。研究表明，经过长时间炖煮的猪肉，脂肪含量减少了 30% ～ 50%，不饱和脂肪酸含量增加，胆固醇含量大大降低。正如清代汪昂在《本草备要》中所说，"食之润肠胃，生精液，丰肌体，泽皮肤"。

均安蒸猪

勒流街道

勒流水蛇粥

勒流、龙江一带，是顺德重要的经济作物区，"出门三步水，入村四处塘"，盛产水蛇。勒流、龙江村民习惯信手拈来，将水蛇熬成水蛇粥，除用于家庭日常食用外，还可用作医治小儿痱子

的食疗方。后来有生意头脑的小贩，开始经营起水蛇粥生意。水蛇粥逐渐成为勒流、龙江一带的特色小吃。

　　勒流水蛇粥始于何时已不可考。1949 年以前勒流水蛇粥已经兴盛一时，而且以制作精细著称。年逾八旬的特级点心师余运师傅回忆说，几十年前的勒流水蛇粥是用胶质重、黏性强的新米加水小火熬成的，煲至水米融洽，柔腻如一，加入水蛇丝、水蛇皮丝、果皮丝、白果、腐竹等靓料同煲，遂成粥身靓、火候足、口感绵滑细腻、味道清甜的精美粥品。

勒流水蛇粥

陈村镇

陈　村　粉

　　与老牌小吃广州沙河粉比较，陈村粉属后起之秀。1927 年，顺德陈村人黄但借鉴南海西樵人的经验，经他本人精心改进，创制出一种米粉，当地人称之为黄但粉、但记粉。直到二三十年前，佛山一家宾馆的工作人员慕名前来购买，工作人员在送货单的"货物名"一栏随手写上"陈村粉"3个字，陈村粉的芳名迅速传播开去，从此人们就以"陈村粉"命名。

陈村粉

　　如今，陈村粉已经被评为"广东名小吃"，成为顺德人招待贵宾的特色食品之一，尤其是作为地方传统风味食品招待过国家高级官员的新闻传开后，它的美誉度、知名度飙升，市场上出现了产销两旺的格局。为此佛山市质量技术监督局（现为佛山市市场监督管理局）制定了陈村粉的技术规范，如规定粉的单层厚度为 0.5 ～ 0.7 mm，颜色为白色中带有轻微的米黄色等，用技术规范保护正宗的陈村粉。陈村粉制作技艺已被列入佛山市市级非物质文化遗产名录。为了扩大影响力，陈村还举办过陈村粉美食节和烹饪比赛，让陈村粉与七彩缤纷的陈村花卉交相辉映，让食客品尝到品种多样、风味各异的陈村粉美食。

菊花鲈鱼羹

　　将花卉与美食结合的花宴是陈村美食的一大特色，花卉美食味道独特，美食中散发着各类花的香味。花卉除了让菜品味道更鲜美外，还可起到调和作用。

　　菊花鲈鱼羹是广东名菜，也是一道历史悠久的顺德名菜。现以出自陈村厨师之手者为佳。爱国诗人屈原在《离骚》中有"夕餐秋菊之落英"之句。晋代田园诗人陶渊明"独爱菊"。菊成为了隐逸者的象征。传说晋代张翰在洛阳做官，一日秋风起，思念故乡的莼羹和鲈脍，居然弃官归乡。顺德文人多淡泊名利，纵观县志人物传记，请假奉养父母或辞官归隐者多，钻营者少，至今仍流传着"得就得，唔得返顺德"的俗语。风气如此，菊花鲈鱼羹在顺德士林中受到青睐也就不足为怪了。何况鲈鱼肉白如霜雪，且不作腥，谓之"金齑玉脍，东南佳美"；而菊花清香脱俗，有延年益寿之功，与鲈鱼同为秋季佳品，顺德又有蜡黄、细黄、细迟白等专供食用的菊花，菊花鲈鱼羹成为顺德名菜是历史的必然。

菊花鲈鱼羹

龙江镇

龙 江 煎 堆

　　龙江煎堆的历史悠久，其以香、甜、甘、脆等独特味道而誉满港澳地区。时至今日，港澳地区春节期间出售的煎堆，仍然冠以龙江煎堆之名。龙江煎堆形似蟠桃，近似圆形，取其"煎堆辘辘，金银满屋"的大团圆意头，以迎合人们向往美好的心愿。煎堆用糯米油炸而成，其馅花生、瓜子、榄仁代表人丁兴旺、生机盎然。爆谷为花开富贵之兆，配以芝麻为多福之意。据传煎堆的原产地为南雄珠玑巷。宋末，珠玑巷人大迁徙，有人落户龙江，以后逢年过节都制作煎堆，以怀念家乡。龙江煎堆是顺德老牌小吃。

龙江煎堆

　　该小吃因创始于顺德龙江镇而得名。龙江煎堆又以龙江镇趣香酒楼制作的最为出名。其呈球状，外形滚圆，外皮松化，馅料甘香，酥脆甜蜜，切开色若黄菊，外形凹凸感强，誉满珠三角，被评为"中华名小吃"。

龙江米沙肉

　　米沙肉是顺德一款传统名菜，以龙江镇所制最著名，故亦称龙江米沙肉。米沙肉又称粉蒸肉。此菜历史源远流长。早在约500年前的明武宗时期就是一味宫廷佳肴。宋诩的《宋氏养生部》有详尽的记载，不过那时称为和糁蒸猪，只是将猪肉厚片用米沙、花椒、盐等拌和，上笼蒸熟而已。到了清代，主料为精选的肥瘦相间的五花肉；米沙要用微火炒黄，拌入花椒粉，使大米的焦香与花椒的麻香融为一体；调料从单调的盐改为鲜香浓郁的面酱。主料与调料拌和后，将猪肉整齐地排列在碗底垫着的白菜上面，入笼蒸得烂熟。当时的著名诗人兼美食家袁枚在《随园食单》中称，这样的米沙肉不但肉美，菜亦美，以不见水，故味独全。清末，迎熏阁、望春楼这两家酒楼用"曲院风荷"的鲜荷叶，将炒熟的米沙和经过调味的猪肉包起来蒸制成菜。其味清香，鲜肥软糯而不腻，并伴有浓郁的荷香，这道荷叶米沙肉很快就声名远播。

龙江米沙肉散发出沁人心脾的香气，让人品尝到肥腴滋润的滋味。此菜配搭合理巧妙：用炒过的米沙给五花肉增香添爽，同时吸收其猪油，令菜肴肥而不腻。荷叶带来阵阵清香，并有消暑除烦的作用，此菜在夏天食用很合胃口。有人这样评价这道佳肴：幽香而不浓烈，肥腴而不腻人，质地酥烂而外形整齐，内涵丰富却不张扬，其复杂和多变令人难以捉摸。

龙江米沙肉

伦教街道

伦 教 糕

伦教糕据说始于明代。据说伦教新兴街街尾有一棵老木棉树，树旁原有一座由 3 块大石搭成

的大石桥，在桥旁水流迂回处，有一家专门经营白粥、糕点的小店，它就是《顺德县志》所说的因制作伦教糕而驰名的老店。相传店主姓梁，他选用优质大米和桥底漩涡的流水作为制糕的原料，生意红火。有一次，店主蒸松糕前忘了放糕种，只靠米浆自然发酵，结果糕体变成了类似于俗语所说的"石脚糖糕"（发酵失败），但歪打正着，此糕口感爽韧，远胜有点黏口的松糕。他下决心在制作技术和用料上加以改进，采用优质的大米，经过多重工序，

伦教糕

使米浆洁白幼滑。后来还改用了粗白糖制作。由于工序多，米浆发酵时间长，店主吃完晚饭后就要制作，待次日凌晨蒸糕，糕蒸好让其搁凉，因此伦教糕不热卖，成了夏季的小吃。此后，白糖伦教糕经历几代相传，美名远播，成了广东、港澳地区甚至东南亚地区的一款美点。如今，潜心研制制糕技艺的梁桂欢，将传统工艺与现代科技手段结合，把伦教糕保质保量地发扬光大，她的糕店向顺德本土及周边城市百多家大酒楼提供正宗伦教糕。由她制作的伦教糕荣获第三届顺德岭南美食文化节"金牌点心"称号。

羊 额 烧 鹅

伦教的羊额烧鹅始创于明末清初，至今已有 300 多年历史。据传，清代诗、书、画"三绝"名人黎简爱吃羊额烧鹅，别人一请他吃羊额烧鹅，他就挥毫作画写字，所以他的画作，在伦教收藏的不少。清同治十三年，羊额举人何崇光上京赴会试，途中命书童肩挑数只羊额烧鹅，随行随吃，后考上进士，传为佳话。20 世纪 30—40 年代，羊额地区有"卢家""清海市""谭头市"三大市集，烧鹅档有多间，其中何昌经营的"昌记"烧鹅档最出名。在 20 世纪 30 年代中期，"昌

记"在羊额几间烧鹅档中脱颖而出，店主何昌改进了传统烧鹅的工艺技术，使羊额烧鹅逐步传到我国港澳地区等地。后来，他的儿子、媳妇继承了其手艺继续经营烧鹅档，其他几间烧鹅档也逐步掌握了"昌记"的工艺技术，使羊额烧鹅的传统工艺得以保存至今。羊额烧鹅成了羊额、伦教乃至顺德的烧腊名品之一。

羊额烧鹅

容桂街道

猪 脚 姜

猪脚姜象征新生，代表健康祈愿，是珠江三角洲、港澳地区妇女的产后补品，通常用猪脚、鸡蛋、老姜、甜醋煲透而成，也称猪脚姜蛋。此品中的姜用"广东三宝"之一的老姜，有祛湿、行气、活血之效。民间认为产妇在生产时吸入了不少"风"，须借老姜祛除。至于甜醋，是一种酿造型醋，以糯米做原料，加入红枣、何首乌、生姜、陈皮、蜂蜜、薄荷、罗汉果酿成，味香甜不酸，与猪脚同煲，可将猪脚骨的钙质溶出，让产妇食用后，能补充其被婴儿吸收而失去的大量钙质，促进母、婴骨骼健康和新陈代谢。将带壳鸡蛋加

猪脚姜

入同煲，则可起到增加蛋白质和钙质的作用。因此，猪脚姜被广东民间视为妇女"坐月子"（即产褥期）时必须食用的上等补品。

北滘镇

北滘香芋扣肉

在顺德的大小宴会上，几乎少不了香芋扣肉这道名菜。一般来说，男席上设发菜圆蹄，女席上相应的菜式就是香芋扣肉。特别是在中秋佳节，必制香芋扣肉，顺德人称之为"中秋叠肉"。在顺德，香芋扣肉以北滘所制最佳，故称北滘香芋扣肉。

北滘香芋扣肉所用香芋，是有"芋头之王"美誉的荔浦芋，其肉质有明显的红褐色槟榔纹，粉糯，香浓，是芋头中的著名品种。荔浦芋与肥瘦相间的五花肉相夹烹制，滋味相得益彰，而且荤素结合，

北滘香芋扣肉

"肥""瘦"互补，成为烹调中物料相配的一个典范，也是顺德饮食"性清淡"的典型菜例。

烹制香芋扣肉有两个细节不容忽视：一是用沸水把五花肉滚过后，要趁热在猪皮上涂以老抽，使之上色；二是要将五花肉炸制后再烹，炸制后皮内会出现众多蜂窝状小孔，再进行烹制，外皮会收缩而成绉纱状，成品更黏滑好看。顺德厨师曾把捏烂的核桃酥放入香芋扣肉中烹制，取其口味甘甜，可化芡，颇有创意。

乐从镇

乐 从 鱼 腐

2014年，顺德被联合国教科文组织授予"世界美食之都"称号。乐从，作为顺德的一个镇，它的拿手好菜便是乐从鱼腐。成书于清代光绪年间的《美味求真》，已记载"鱼腐"这道菜，可见鱼腐已在民间流行了100多年。

鱼腐作为已炸熟的半成品，具有成菜快捷、组合性强、适应面广等特点，入馔最宜收、酿、浸、烩，因此一直是乐从一带水乡菜肴主角之一。在乐从，但凡摆酒设宴，几乎必有鱼腐。在佛山名厨车鉴的《塘鱼百味》菜谱中，就有10款鱼腐菜肴，如"鲜奶滑鱼腐""脆皮酿鱼腐""三丝烩鱼腐""郊菜扒鱼腐"等。鱼腐入馔可以提高菜肴的档次。顺德籍粤菜大师黎和，曾用鱼腐代替豆腐，把传统家常菜"郊外鱼头"，改造成为广州北园酒家的十大名菜之一。乐从荔园酒家制作的"玉树顺德鱼腐"更夺得了第三届全国烹饪技术比赛银奖。

乐从鱼腐

杏坛镇

家乡酿节瓜

节瓜又名毛瓜，因"一节一瓜"而得名。别处节瓜多"蔓地"而生，顺德四水六基，节瓜多生长在塘上瓜棚而被称为"水影瓜"。这种节瓜由于吸收水面反射的阳光和充足的水分，瓜体具有乌、青、油、亮的特点。节瓜在顺德已有300多年栽培史，《龙山乡志》载当时本土有节瓜两种，长者不及短者皮薄而滑嫩。其后顺德、南海培育出七星仔、江心节等名种。黑毛节瓜在近数十年间蜚声珠江三角洲地区。史料记载，黑毛节瓜原是桂洲镇的传统名产，20世纪60年代初，杏坛桑麻村从桂

家乡酿节瓜

洲镇引进了黑毛节瓜的栽培技术，并不断改进，培养出黑毛节瓜的优质品种。这种节瓜身短，个体不大，皮呈深绿色，口感清淡略甜，成菜后松软嫩滑，无论是滚汤、浸、煮，还是焖，味道都同样好，因无公害而得到食家厚爱，畅销港澳地区。

　　家乡酿节瓜是用黑毛节瓜为主料烹制而成的顺德传统名菜。人们采用初出的黑毛节瓜，刮皮切段，去囊，酿入新鲜猪肉蓉等料，滑油后焖软勾芡。此菜清甜绵软，甘香味鲜，曾得到邓小平同志喜爱。家乡酿节瓜传至香港后，被改良成原个酿制煲软，配刀叉上桌，让食客边切边吃，别具雅趣。

任务三　特色原料与地方特产

均安大头菜

均安大头菜是较具均安特色的农产品之一，均安大头菜成为享誉珠江三角洲的品牌，远销新加坡、印度尼西亚等地。均安大头菜有两种，其中一种是水菜，即新会荷塘冲菜。新会荷塘冲菜因其植株的叶子簇生，长势如冲天而得名，而非民间所说咸得要用水冲令其淡。新会荷塘均安近邻，历史上曾归属顺德。均安人将新会荷塘冲菜引进后，鉴于新会荷塘冲菜腌制技术复杂（把茎大如菠萝的新会荷塘冲菜晒软后，放入比人高的木桶中，加盐、花椒、八角，用脚踩软，盖上草席腌制入味而成），腌制的时间达 1 ～ 2 年，就在腌制方法上进行改进，把整株新会荷塘冲菜切成片状，不加香料，制作出独特的"梳菜片"（又称"排菜"）。

均安大头菜

"梳菜片"与传统腌制新会荷塘冲菜的奇香特咸不同，"梳菜片"干爽，平淡，倒也是顺德人性格的真实写照。均安大头菜的特点是菜头大，腌制后肉色金黄清香爽脆，味甘香淡。佐膳用，"梳菜片"味尤佳，夏季佐粥尤为适宜。均安大头菜丁更是美味小吃。

伦教白菜干

菜基鱼塘是顺德农业一大景观。顺德一排排龟背形的菜地上，各式佳蔬沐浴着和煦的阳光，吸吮着鱼塘沃土中的丰富养料，茁壮成长。其中金边黑叶矮脚白菜堪称佳品，为食家宠儿。《龙山乡志》记载：白菜，其种有圆甲扁甲之别。乾隆中，进士谭玉乾令延津阳武携种归植，遂盛行。清代光绪年间，伦教白菜干已成品牌。这种白菜干由优良品种金边黑叶矮脚白菜加工而成。当地老者介绍，白菜干分风干和火焙两种。风干的白菜干，菜身带黄，

伦教白菜干

美味香甜，一般在本地销售；火焙的白菜干，菜身洁白，煲汤后汤鲜味美，价格高，主要用于外贸出口。伦教白菜干早在清代光绪年间就有专门购销的集市，伦教的宝塔牌白菜干优质、畅销，是当时有名的产品。1949 年以后，伦教的宝塔牌白菜干声名鹊起，出口至东南亚地区等。《广东省佛山市地名志》将伦教的宝塔牌白菜干纳入顺德著名土特产名录。新修的《顺德县志》记载：伦教镇的白菜，筋少肉厚，制成菜干出售，畅销海内外。1978 年后，由于伦教镇的农业生产布局进行了调整，这一具有百年历史的传统农副产品逐渐淡出市场，取而代之的是其他地区出产的白菜干。

和味蚬蚧

清代屈大均在《广东新语》中说：咸解者，以毛蝤蛑入盐水中，经两月，熬水为液，投以柑橘之皮，其味佳绝。解其渣滓不用，用其精华，故曰解也。和味蚬蚧采用近似方法制作，为顺德、中山一带具有风味特色的水产佐膳佳品，其以蚬肉为主要原料，加入汾酒、辣椒、姜末、陈皮丝、香料和盐发酵而成，全称为"蚬蚧酱"。蚬肉富含蛋白质和琥珀酸，有一种特殊香味，味道鲜美，正如清代郭麟在《桂枝香·黄蚬》中所说"俊味江乡堪数"。蚬肉经腌制发酵后味美香浓，适合蘸汁佐料之用，被香港美食家黄雅历先生赞为"十分惹味，撩人食欲"。因为蚬蚧在用料、风味方面与"酱王"——XO 海鲜酱有几分相似，又产于岭南水乡，故称"水乡 XO 酱"。

和味蚬蚧

陈村枧水

陈村枧水在食品加工方面有着不可磨灭的功绩，是了解粤菜时不可不知的一种调味品。陈村枧水是一种碱性调味品，即食用碱水（碳酸钾），在食品原料的加工中起到软化肉类粗纤维，使蔬菜变得更加翠绿、软嫩等作用。但陈村枧水实际上不完全等同于碱水，枧水是烧碱和纯碱水的混合物，而碱水则是碳酸钠溶液。陈村枧水使蔬菜变得更翠绿主要是利用了叶绿素在碱性环境下能水解成叶绿酸的原理。此外，在制作广式月饼时陈村枧水也必不可少。其作用是中和糖浆，使饼皮呈碱性，让饼皮在烘烤时易着色，因为碱性越高的饼皮越易变为金黄色，通过调整陈村枧水的用量，饼皮的颜色可得到调整。腌制排骨、虾仁时适当地放入陈村枧水，会使烹

陈村枧水

制出来的菜肴外观光滑、清爽、细腻。涨发干货时，将干货加入注有陈村枧水的开水中焯水，可除去原料中的海腥味、异味，使原料更加细嫩、软滑。

陈村枧水在腌制肉类、海鲜及涨发干货时要按比例适量投放，腌制、涨发后，要用流水不断冲洗原料去除碱味。

均安辣椒饼

在 2007 年顺德金牌菜评选活动中，长旺村酒楼的均安辣椒饼焗蟹入选银奖菜式。消息传来，食客对均安辣椒饼刮目相看。

说起辣椒饼，老一辈的均安人就像讲故事一样，把以往桑基鱼塘地区老农喜欢在炒田螺、焖鱼、蒸排骨、焖大鳝时，特别是在打边炉前，将辣椒饼用手撕开几小块放在油碟里，将肉类蘸着同食的形象，或将拿着整块辣椒饼蘸着肉类同食的形象，说得活灵活现。

辣椒饼在均安已有百余年历史。均安辣椒饼的主要原料有辣椒、大蒜、豆豉及按不同的口味加入的植物香料（如香花草或紫苏等）。辣椒饼为手工制作而成，一个人忙上一天，才能制作出 1.5 ～ 2 kg 产品。通常在瓦缸内先垫上晒干的稻草，再用干竹叶或芭蕉叶包住辣椒饼，放入缸内盖好密封，置

均安辣椒饼

于阴凉处储存。这种土法制作工艺可将原料的香味挥发出来。辣椒饼一般可存放 1 ～ 2 年。

当地老者介绍，以往农闲时节，他们会以天然晒干的方式制作一些辣椒饼以供食用，或赠亲友。吃过这种土制辣椒饼的人，都能感受到自然有益的原味和淳朴真诚的乡风。

模块二
主食篇

扫码看课件

模块导学

一提到粥、粉、面、饭这四种主食，无一例外，都会让人想到中国。从古至今，这四种主食在人们的心中一直占据着重要的地位，承载着千百年来人们的饮食习惯。本模块从"粉、面、饭"三大主食作为烹饪菜肴主料的角度进行任务教学，旨在强化学生对顺德菜中最为重要的烹调技法"炒法"的理解，锻炼学生的实际操作能力。

模块目标

知识教学目标：通过对本模块的学习，了解干炒牛河、广东炒饭、三丝炒米粉的成菜特点与发展历程，描述"炒法"的主要特点。

能力培养目标：初步掌握"粉、面、饭"作为烹饪菜肴主料的"炒法"，能够独立制作各项任务中的菜肴，并根据不同的需求替换部分配料，制作出各种相似菜肴。

职业情感目标：让学生养成遵守规程、安全操作，注重整洁卫生的良好习惯，了解中国烹饪食材与烹调技法的特殊性，培养学生对烹饪的兴趣。

任务一　干炒牛河

学习目标

（1）了解干炒牛河的成菜特点与发展历程，并能够描述干炒牛河与湿炒牛河的异同。

（2）掌握河粉煎制的要点和技巧，能够独自完成干炒牛河的制作。

（3）在制作干炒牛河的过程中，感受"美食无高低"这种朴实的饮食文化，培养学生认真对待菜肴的学习态度。

干炒牛河成品图

任务导入

"干炒牛河"中的干炒，顾名思义，为急火快炒，不能出汤。牛指的是牛肉，而河指的是河粉。河粉又称沙河粉，是一种米粉制品，源自广州沙河镇。干炒牛河的前身叫湿炒牛河。所谓湿炒牛河，也就是不追求干身，牛河炒好之后会有一点汤汁，需要用水淀粉勾芡，让汤汁裹在河粉和牛肉上。

　　干炒牛河的制作过程包括多个步骤，从准备食材到烹饪完成，每一个环节都需要厨师精心操作。这道菜不仅在广东地区广受欢迎，还因其独特的风味被列入中华名小吃，并在2012年入选纪录片《舌尖上的中国》第二集《主食的故事》系列美食之一，成为展示广东美食文化的重要代表。

原　料

❶ **主配料**　牛肉50 g、河粉300 g、韭菜25 g、洋葱25 g。

❷ **料头**　葱10 g。

❸ **调料**　盐5 g、糖2 g、味精1 g、蚝油5 g、生抽10 g、老抽2 g、料酒5 g、生粉10 g、小苏打粉1 g等。

工艺流程

干炒牛河
制作视频

❶ **流程简图**

```
加工主配料 → 腌制牛肉 → 牛肉预处理 → 熟制 → 装盘
```

❷ **具体做法**

　　（1）加工主配料：将牛肉洗净后切成牛肉片（厚约0.3 cm），韭菜洗净后切成长约6 cm的韭菜段，洋葱切成洋葱丝。葱洗净后切成葱花。

　　（2）腌制牛肉：牛肉片加入小苏打粉拌匀后再调入盐、糖、味精、生抽、生粉和少量清水拌匀腌制入味。

　　（3）牛肉预处理：起锅加入油，将油加热到150 ℃放入腌制入味的牛肉片过油至熟，倒出备用。

　　（4）熟制：热锅凉油，放入河粉，先煎制再翻炒，调入盐、糖、味精、蚝油、生抽和老抽炒匀，再加入韭菜段、洋葱丝、葱花和预处理后的牛肉片，加入料酒炒匀至香。

　　（5）装盘：将炒好的干炒牛河装盘即可。

准备原料（图示部分）

配料和料头的切配

牛肉的腌制

炒制　　　　　　　　　　　　调味　　　　　　　　　　　　装盘

注意事项

（1）加工牛肉时要注意牛肉的纹理，尽可能顶丝切成牛肉片，以保证牛肉片口感。

（2）炒制前要热锅凉油，锅一定要烧热烧透，凉油润锅，这样炒制时才不会出现粘锅的情况。

（3）腌制牛肉时要注意调料的分量配比。

（4）韭菜段、洋葱丝等不能过早放入，出锅前投放，大火翻炒即可。

思考题

（1）为什么腌制牛肉时要加入食用小苏打粉？

（2）河粉在炒之前为什么要煎一下？

（3）干炒牛河和湿炒牛河有什么区别？

（4）"干炒牛河"的成菜特点有哪些？

任务二　广东炒饭

（1）了解广东炒饭的成菜特点与发展历程，并能够描述广东炒饭与扬州炒饭的异同。

（2）掌握炒饭炒制时的要点与技巧，能够独立完成广东炒饭的制作。

（3）培养学生良好的卫生操作习惯，从简单、常见的炒饭的做法的演练，培养学生精益求精的工匠精神。

广东炒饭成品图

任务导入

广东炒饭是广东地区对炒饭的统称，没有统一的标准。其种类丰富，体现了广东美食的多样性和创新性。其特色如下：先在米饭中加入蛋黄搅拌后炒制，再加入配料同炒，这样炒出来的米饭干爽、粒粒分明、香气十足。

广式炒饭则是广东炒饭的一大特色，以腊肠、腊肉、蒜、白米饭为主要食材，通过特定的制作方法，制作出健康美味的菜品。广式炒饭的配料和调料的使用，使得这道菜具有独特的风味和口感。

炒糯米饭是广东炒饭的另外一种。炒糯米饭是广东独有的美食，其制作过程需要技巧和耐心，重点在于米的处理，反复炒制后的糯米干爽，口感独特。

原　料

①主配料　白米饭 300 g、虾 5 只、午餐肉 25 g、菜心 25 g、胡萝卜 25 g、鸡蛋 2 个、腊肠 2 根。
②料头　葱 10 g。
③调料　盐 6 g、糖 4 g、味精 2 g、生粉 2 g。

工艺流程

广东炒饭
制作视频

①流程简图

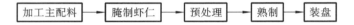

加工主配料 → 腌制虾仁 → 预处理 → 熟制 → 装盘

②具体做法

（1）加工主配料：将鲜虾剥出虾仁，洗净后切成粒，午餐肉切成粒，胡萝卜、菜心、腊肠洗净后均切成粒。葱洗净后切成葱花。

（2）腌制虾仁：虾仁粒调入盐、糖、味精和生粉拌匀，腌制入味。

（3）预处理：起锅加入油，将油加热到 120 ℃，放入腌制入味的虾仁粒、腊肠粒过油至熟，倒出备用；胡萝卜粒、菜心粒焯水；鸡蛋取蛋黄，倒入白米饭中，搅拌均匀。

准备原料（图示部分）

切配好的主配料和料头

将蛋黄加入白米饭中

腊肠粒、虾仁粒过油

下锅制作

装盘

（4）熟制：热锅凉油，加入拌好蛋黄的米饭，炒至干爽，调入盐、糖和味精炒匀，再加入午餐肉粒、胡萝卜粒、虾仁粒等配料，最后撒葱花炒香。

（5）装盘：将炒好的广东炒饭盛上碟子即可。

制作要点

（1）炒米饭时要用中小火炒至干爽。

（2）要热锅凉油，否则米饭容易粘锅。

（3）在加入主配料后、出锅前，要用大火快炒令原料炒出香味。

思考题

（1）炒饭所使用的米饭怎么处理可以提升菜肴质量？

（2）广州炒饭和扬州炒饭有什么不同之处？

（3）"广州炒饭"的成菜特点有哪些？

任务三　三丝炒米粉

学习目标

（1）了解三丝炒米粉的成菜特点与发展历程。

（2）掌握炒粉时的要点与技巧，学会处理不同材料，掌握不同材料的投放时间，确保配菜口感层次，能够独立完成三丝炒米粉的制作。

（3）培养学生节约、注意卫生和规范操作的行为习惯。

三丝炒米粉成品图

任务导入

米粉是以大米为原料，经浸泡、蒸煮和压条等工序制成的条状、丝状米制品，而不是词义上理解的以大米为原料、经研磨制成的粉状物料。米粉质地柔韧，富有弹性，水煮不糊汤，干炒不易断，可汤煮或干炒，深受广大消费者（尤其是南方消费者）的喜爱。米粉品种众多，可分为排米粉、方块米粉、波纹米粉、银丝米粉、湿米粉和干米粉等。它们的生产工艺大同小异，一般为：大米淘洗—浸泡—磨浆—蒸粉—压片（挤丝）—复蒸—冷却—干燥—包装—成品。

关于米粉的起源有多种说法。一种说法认为，米粉是古代中国五胡十六国时期北方民众避居南方而生产的类似于面条的食品。另一种说法是，秦始皇攻打桂林时，由于当时北方的士兵在桂林作战，吃不惯南方的米饭，因此当时的人就用米磨成粉状并做成面条的形状，来缓解士兵的思乡之情。

原　料

① **主配料**　干米粉 200 g、鸡胸肉 50 g、洋葱 20 g、胡萝卜 20 g、韭菜 20 g。

② **料头**　姜丝 3 g 等。

③ **调料**　盐 3 g、味精 1.5 g、生抽 5 g、老抽 2 g 等。

工艺流程

三丝炒米粉
制作视频

① **流程简图**

加工主配料 → 腌制鸡胸肉 → 鸡胸肉预处理 → 熟制 → 装盘

② **具体做法**

（1）加工主配料：将干米粉用凉水浸泡 30 min 后捞出沥干，备用；鸡胸肉洗净后切成长约 6 cm、粗约 0.3 cm 的鸡胸肉丝，胡萝卜去皮后切成长约 6 cm、粗约 0.3 cm 的胡萝卜丝，韭菜洗净后切成长约 6 cm 的韭菜段，洋葱切成洋葱丝。

（2）腌制鸡胸肉：鸡胸肉丝中加入盐、糖、味精、生抽、生粉和少量清水拌匀，腌制入味。

（3）鸡胸肉预处理：起锅加入油，将油加热到 150 ℃，放入腌制入味的鸡胸肉丝过油至熟，倒出备用。

（4）熟制：热锅凉油，放入沥干备用的米粉炒热，加入盐、糖、味精、蚝油、生抽和老抽炒匀，再加入胡萝卜丝、韭菜段、洋葱丝和预处理后的鸡胸肉丝，加入料酒炒匀至香。

（5）装盘：将炒好的三丝炒米粉装盘即可。

准备原料（图示部分）

米粉浸泡

切配好的原料

炒制米粉

加入胡萝卜丝、韭菜段、洋葱丝等

调味炒制

制作要点

（1）干米粉要用凉水泡软，不宜用开水浸泡或用水煮。

（2）腌制鸡胸肉时要注意调料的分量配比。

（3）在加入主配料后、出锅前要用大火快炒，不宜炒制过久。

思 考 题

（1）炒米粉与炒河粉在工艺上有无不同？如果有，有什么不同？

（2）腌制鸡胸肉时为什么要加水？

（3）"三丝炒米粉"的成菜特点有哪些？

模块三
家畜篇

模块导学

　　家畜是人类为满足生活需要，经过长期饲养而驯化的哺乳动物，主要包括猪、牛、羊、兔、马、驴等。其中猪、牛等是我国较重要、常见的动物性食品原料。本模块将以上常见家畜作为菜肴主料进行任务教学，以提升学生将猪肉、牛肉等作为主料进行加工处理与初步熟处理的加工技艺，使学生掌握常见的"泡油炒法""煎焗法""扣蒸法"等多种烹调技法。

模块目标

　　知识教学目标：通过对本模块的学习，了解猪、牛等家畜类原料知识，并了解相关菜肴的发展历程与成菜特点，对常见的"炒法""焗法""蒸法"等烹调技法有一定了解。

　　能力培养目标：能够按照菜肴要求对常见家畜类原料进切配、腌制、初步熟处理等，并能独立制作各项任务中的菜肴。

　　职业情感目标：让学生养成遵守规程、安全操作，注重整洁卫生的良好习惯，了解中国烹饪食材与烹调技法的特殊性，培养学生对烹饪的兴趣。

任务一　五彩炒肉丝

学习目标

（1）了解菜肴"五彩炒肉丝"的成菜特点，了解配菜的一般规律与要求，学习烹调技法"泡油炒法"。

（2）掌握菜肴"五彩炒肉丝"中各种原料的初步熟处理方法，确保配菜口感，利用"泡油炒法"独立完成"五彩炒肉丝"的制作。

（3）掌握菜肴"五彩炒肉丝"的制作工艺流程。

（4）"五彩炒肉丝"是很多考试与竞赛的规定菜品项目，考验中餐烹饪的基本功。本任务通过引入"五彩炒肉丝"菜肴，以加强学生的标准意识，使学生能够按指令与要求进行菜肴制作。

五彩炒肉丝成品图

任务导入

五彩炒肉丝属于小炒菜。此菜用几种切成丝状的原料组配在一起，色彩悦目和谐、诱人食欲。市肆餐馆，或家庭便宴，皆常制作。里脊肉富含蛋白质，口感滑嫩，用各种蔬菜搭配来炒，光是色彩就让人胃口大开。

原　料

❶ **主配料**　猪里脊肉 200 g、胡萝卜 50 g、西芹 80 g、沙葛 50 g、韭菜 30 g、洋葱 30 g。

❷ **料头**　姜 3 g、蒜 2 g。

❸ **调料**　盐 5 g、糖 3 g、味精 2 g、胡椒粉 0.5 g、生粉 10 g、料酒 10 g、芡汤 25 g 等。

工艺流程

❶ **流程简图**

五彩炒肉丝
制作视频

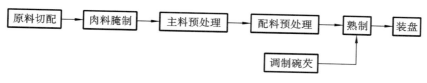

❷ **具体做法**

（1）原料切配：先将猪里脊肉洗净片成薄片，再切成长约 6 cm、粗约 0.3 cm 的猪里脊肉丝；胡萝卜去皮后切成长约 6 cm、粗约 0.3 cm 的胡萝卜丝，沙葛去皮后切成长约 6 cm、粗约 0.3 cm 的沙葛丝，西芹去皮后切成长约 6 cm、粗约 0.3 cm 的西芹丝，洋葱切成长约 6 cm 的洋葱丝，韭菜洗净后切成长约 6 cm 的韭菜段；姜去皮后剁成姜蓉，蒜去皮后剁成蒜蓉。

（2）肉料腌制：在约 200 g 猪里脊肉丝中加入盐 2 g、糖 1 g、味精 1 g 拌匀，再放入生粉 5 g、清水 5 g、胡椒粉 0.5 g 拌匀腌制，最后加入油封面。

（3）主料预处理：起锅放入油，加热至 120 ℃，放入腌制好的猪里脊肉丝过油至熟，捞出备用。

（4）配料预处理：起锅加入清水，放入油，待水烧开后放入切好的胡萝卜丝、西芹丝、沙葛丝焯水备用。

（5）调制碗芡：取一小碗加入芡汤、盐、糖、味精和生粉拌匀，调成碗芡。

（6）熟制：热锅凉油，放入姜蓉、蒜蓉和洋葱丝炒香，再加入预处理的主配料炒匀，撒上料酒，最后调入碗芡下包尾油炒香。

（7）装盘：盛出装盘即可。

准备原料（图示部分）

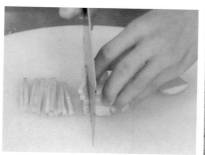

原料切配

切配好的原料

肉料腌制

腌制好的猪里脊肉丝过油

加入主配料炒制

制作要点

（1）刀工处理时要把握整齐划一、粗细均匀、长短一致的原则。

（2）猪里脊肉丝过油时的油温要恰当。若油温太高，猪里脊肉丝不易散开，而且肉质较老；若油温太低，猪里脊肉丝表面的生粉会脱落。

（3）勾芡时，芡粉与水的比例要掌握好。

（4）粤菜小炒时注重锅气，大火快炒可令原料释放香气。

思 考 题

（1）调制碗芡时要注意些什么？

（2）"五彩炒肉丝"的"五彩"，还可以用哪些原料替换？

（3）"五彩炒肉丝"的成菜特点有哪些？

任务二　荷芹炒腊味

（1）了解广东"腌腊"的工艺特点与发展历史，学习"熟炒法"的工艺特点与菜肴"荷芹炒腊味"的成菜特点。

（2）掌握菜肴"荷芹炒腊味"的制作步骤，利用"熟炒法"独立完成菜肴的制作。

（3）在制作"荷芹炒腊味"的过程中，养成认真、细致、耐心的良好习惯。

荷芹炒腊味成品图

任务导入

腌腊肉制品是中国传统肉制品的典型代表之一，历史悠久，具有深厚的文化背景，为世界肉制品加工技术和加工理论的发展做出了一定贡献。传统上"腌腊"指对畜禽肉类用盐（或盐卤）和香料进行腌制的方法。经过一个寒冬，畜禽肉类在较低的气温下自然风干成熟，形成独特的腌腊风味。现腌腊早已不单是保藏防腐方法，还是肉制品加工中的一种独特工艺。凡原料肉经预处理、腌制、脱水、保藏成熟而成的肉制品都属于腌腊肉制品。腌腊肉制品的品种繁多。国内的腌腊肉制品主要有腊肉、腊肠、板鸭、香肚、中式火腿等；国外的腌腊肉制品主要有培根、萨拉米干香肠和半干香肠等。

在中国腌腊肉制品中，以广式腊味、湖南腊味、四川腊味较有影响力，其中广式腊味又是腊味市场上的"绝对主角"，占全国腊味市场的 50% ～ 60%。在广东，广式腊味的市场占比达 80% 左右。据不完全统计，广东省的正规腊味生产企业有上千家，年产值 100 余亿元人民币，在广东省食品工业总产值中占有相当大的比重。

秋风起，食腊味。广东人向来喜爱吃腊味，不管是喜欢传统风味的食客，还是喜欢新鲜吃法的食客，都能在品种丰富的腊味世界中得到满足。而荷兰豆、西芹也正当季，含粗纤维的食材与腊味搭配起来更能满足现代人对饮食健康的需求。腊味清香，味道鲜美香浓，而含粗纤维的荷兰豆、西芹口感更是香脆。荷芹炒腊味既韧道，又爽口，整道菜口感丰富，营养有保证，适合一家老小一起食用。

原　　料

① **主配料**　腊肉 75 g、腊肠 75 g、荷兰豆 50 g、西芹 100 g、洋葱 20 g、胡萝卜 15 g。

② **料头**　姜 3 g、蒜 2 g、葱 10 g。

③ **调料**　盐 3 g、糖 2 g、味精 1 g、生粉 5 g、料酒 10 g、芡汤 25 g、麻油 2 g 等。

荷芹炒腊味
制作视频

工艺流程

① **流程简图**

主料预处理 → 主配料切配 → 主配料初步熟处理 → 熟制 → 装盘

调制碗芡 →

② **具体做法**

（1）主料预处理：将腊肉和腊肠上炉蒸熟，取出待凉。

（2）主配料切配：将放凉后的腊肠和腊肉斜刀切成厚约 4 mm 的腊肠片和腊肉片；西芹洗净后去皮，切成长约 4 cm、宽约 2 cm 的菱形西芹块；荷兰豆洗净后去筋；洋葱切成菱形洋葱块；胡萝卜改刀切成胡萝卜片。姜去皮后切成菱形姜片；蒜去皮后切成蒜片；葱洗净后切成长约 3 cm 的葱段。

（3）主配料初步熟处理：起锅放入油，加热到 100 ℃，放入切配好的腊肠片和腊肉片过油至熟，捞出备用；再起锅加入清水，放入油，待水烧开后放入处理好的西芹、荷兰豆和胡萝卜片焯水备用。

（4）调制碗芡：取一小碗加入芡汤、盐、糖、味精和生粉拌匀，调成碗芡。

（5）熟制：热锅凉油，放入姜片、蒜片和葱段炒香，再加入预处理的主配料炒匀，加入料酒，最后调入碗芡下包尾油炒香。

（6）装盘：盛出装盘即可。

准备原料（图示部分）

主料的切配

配料的切配

切配好的原料

原料焯水

下锅炒制

制作要点

（1）腊肠、腊肉蒸熟后，在100 ℃的热油中迅速过油，倒起沥油。

（2）勾芡时，芡粉与水的比例要掌握好。

（3）粤菜小炒注重锅气，大火快炒可令原料释放香气。

思考题

（1）在菜肴的制作过程中，腊肠、腊肉要先蒸熟再煸炒，为什么不直接煸炒？

（2）广式腊味的特点有哪些？

（3）"荷芹炒腊味"的成菜特点有哪些？

任务三　什锦雀巢丁

学习目标

（1）了解广东的"炒丁"文化，学习菜肴"什锦雀巢丁"的成菜特点。

（2）掌握"什锦雀巢丁"的制作流程，能利用"泡油炒法"独立完成菜肴的制作。

（3）通过"雀巢兜"的制作感受厨师对美食的创造力，激发学生的创新精神，培养学生"精做、细做"的意识。

什锦雀巢丁成品图

任务导入

在顺德本地的宴席中，似乎除了鸡、鱼这两道必有之菜外，也少不了炒丁。炒丁具有讨彩头的含义（"丁"——丁财两旺）。炒丁时还会添加一些炸过的腰果、榛子等酥脆坚果，与鲜甜爽口的蔬菜搭配，吃起来鲜香可口，比肉菜更受欢迎。

丁指将原料切成大的颗粒。炒丁的材料是可以任意搭配的，可以有胡萝卜粒、玉米粒、香肠粒、瘦肉粒、花生粒、马蹄粒……

因盛器形如雀巢，原料丰富多样，所以又称什锦雀巢丁，五彩斑斓，非常诱人。做法如下：将细细的芋头丝拌上生粉，用模具辅助炸成雀巢形状，在这脆脆的雀巢上放入炒好的红红绿绿

Note

的配菜，好看又有型，这道菜还寓意着吉祥如意。

原　　料

❶ **主配料**　猪里脊肉 150 g、西芹 80 g、胡萝卜 80 g、马蹄 80 g、白果 50 g、洋葱 30 g、腰果 80 g、芋头 500 g（制作雀巢兜用）。

❷ **料头**　姜 4 g、蒜 3 g。

❸ **调料**　盐 20 g、白糖 4 g、味精 2 g、胡椒粉 0.5 g、生粉 10 g、料酒 10 g、芡汤 25 g、麻油 1 g、吉士粉 20 g。

工艺流程

什锦雀巢丁
制作视频

❶ **流程简图**

❷ **具体做法**

（1）制作雀巢：芋头去皮，切成尽量长的芋头丝，加入盐拌匀使其软化，再放入清水中清洗掉外面的淀粉，捞起，用干毛巾控干芋头丝中的水分；加入生粉和吉士粉（生粉与吉士粉的比例为 5∶1）拌匀，将芋头丝均匀整齐地摆放在雀巢兜中，底部填满，上面再压上一个雀巢兜。起锅加入生油，加热至 140 ℃，放入雀巢兜炸脆，至色泽金黄时取出。

（2）腰果、白果处理：先将腰果用淡盐水浸泡 1 h，去掉表面油性胶质，并使其入味，然后起油锅至油温达 140 ℃时，放入腰果小火炸脆，至微黄时捞起滤油，放凉即可。将白果放沸水中煮 5 min 后捞出待用。

（3）原料切配：先将猪里脊肉洗净，再切成约 1 cm 见方的猪里脊肉丁；胡萝卜去皮后切成约 1 cm 见方的菱形胡萝卜丁；西芹去皮后切成约 1 cm 见方的菱形西芹丁；洋葱切成约 1 cm 见方的菱形洋葱丁；马蹄去皮后切成约 1 cm 见方的菱形马蹄丁；姜去皮后剁成姜蓉，蒜去皮后剁成蒜蓉。

（4）肉料腌制：在约 150 g 的猪里脊肉丁中加入盐 2 g、白糖 1 g、味精 1 g 拌匀，再放入生粉 5 g、清水 5 g、胡椒粉 0.5 g 拌匀腌制，最后用生油封面。

（5）主料初步熟处理：起锅放入油，至油温为 120 ℃时，放入腌制好的猪里脊肉丁过油至熟，捞出备用。

（6）配料初步熟处理：起锅加入清水，放入油，待水烧开后放入切好的胡萝卜丁、西芹丁、马蹄丁，焯水备用。

（7）调制碗芡：取一小碗加入芡汤、盐、糖、味精和生粉拌匀，调成碗芡。

（8）熟制：热锅凉油，放入姜蓉、蒜蓉和洋葱丁炒香，再加入预处理的主配料炒匀，加入料酒，最后调入碗芡下包尾油炒香。

（9）装盘：淋麻油翻匀后装入炸好的雀巢内，再撒上炸好的腰果。

准备原料（图示部分）

原料切配

切配好的原料

猪里脊肉丁腌制

蔬菜原料焯水

下锅炒制

制作要点

（1）制作雀巢时，芋头刀工要均匀；先冲洗掉表面的淀粉，再控干水分；炸制时掌握好油温，使其变脆，色金黄。

（2）勾芡时，芡粉与水的比例要掌握好。

（3）掌握好肉料泡油温度，刚熟即成，过熟则不嫩滑。

（4）炸制腰果时要掌握油温和火候。

（5）粤菜小炒注重锅气，大火快炒可令原料释放香气。

思考题

（1）菜肴"什锦雀巢丁"中的配料可以根据实际情况进行更替，适用的配料都有什么要求？

（2）腌制肉料时，为什么最后要用生油封面？

（3）"什锦雀巢丁"的成菜特点有哪些？

任务四　煎焗排骨

学习目标

（1）了解广东"煎焗"类菜肴的成菜特点与发展历程，学习"煎焗法"的工艺特点与菜肴"煎焗排骨"的成菜特点。

（2）掌握菜肴"煎焗排骨"中排骨的腌制方法与制作工艺流程，并能通过"煎焗法"独立完成菜肴的制作。

（3）通过排骨的腌制与"煎焗"，培养学生注意卫生与规范操作的行为习惯。

煎焗排骨成品图

任务导入

"煎焗法"是在煎制过程加上锅盖，借助蒸汽使菜肴完全成熟的烹调方法。顺德菜中有煎焗鱼嘴、煎焗鱼骨、煎焗鸡、煎焗粉肠等，对技法要求极高。要使原料内部的水分在短时间内锁住，还要准确控制原料的成熟度。煎焗排骨是顺德一道色香味俱全的传统名菜。富有营养且味美的排骨是深受大众喜爱的食物。一口咬下去，排骨酥香可口，浓郁的红辣椒香气扑鼻，非常滑嫩。

原　料

❶ **主配料**　排骨 400 g、洋葱 20 g、青辣椒 10 g、红辣椒 10 g、鸡蛋 1 个。

❷ **料头**　姜 5 g、蒜 5 g、葱白 5 g。

❸ **调料**　盐 2 g、糖 2 g、味精 1 g、豆瓣酱 5 g、胡椒粉 0.5 g、粟粉 20 g、粘米粉 20 g、吉士粉 3 g、料酒 10 g、食粉 5 g、白胡椒碎 1 g。

煎焗排骨
制作视频

工艺流程

❶ **流程简图**

原料切配 → 排骨预处理 → 煎焗粉调配 → 排骨腌制 → 熟制 → 装盘

❷ **具体做法**

（1）原料切配：将排骨斩成长约 2 cm 的排骨段，洋葱切成菱形洋葱片，青辣椒切成菱形青辣椒片，红辣椒切成菱形红辣椒片，姜去皮后切成菱形姜片，蒜去皮后切成蒜片，葱白洗净后切成葱段。

（2）排骨预处理：在斩好的排骨段中加入食粉拌匀，腌制 30 min，再用清水冲洗干净并吸干水分备用。

（3）煎焗粉调配：将粟粉、粘米粉和吉士粉和匀过筛。

（4）排骨腌制：排骨段中加入盐、糖、味精、豆瓣酱、胡椒粉和蛋黄拌匀腌制，再拌上煎焗粉。

（5）熟制：热锅凉油，逐一放入腌制好的排骨段，小火将单面煎至金黄色，再翻转，另一面煎至微黄时加入洋葱片、青辣椒片、红辣椒片、姜片、蒜片和葱段略煎，加入料酒，并加盖。将排骨焗熟，最后撒上白胡椒碎炒匀。

（6）装盘。

准备原料（图示部分）

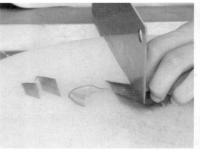
切辣椒

切配好的原料

排骨腌制

下锅煎制

煎制完成前放入配料和料头

出锅装盘

制作要点

（1）煎制前要先用旺火烧热炒锅，用油润锅，以免粘锅。

（2）排骨段要腌制入味。

（3）用中小火煎至排骨段两面呈金黄色。

思考题

（1）描述烹调技法"煎焗法"的工艺特点。

（2）用食粉腌制的排骨为什么要冲洗？

（3）"煎焗排骨"的成菜特点有哪些？

任务五 香芋扣肉

（1）了解菜肴"香芋扣肉"的发展历程与成菜特点，学习"扣蒸法"的工艺特点。

（2）掌握"香芋扣肉"的制作工艺流程，利用"扣蒸法"独立完成菜肴的制作。

（3）通过"香芋扣肉"中油炸、水蒸等加热方式对原料进行熟处理的操作，培养学生的安全操作意识，使学生养成规范操作的习惯。

香芋扣肉成品图

任务导入

香芋扣肉是广东、广西地区常见菜肴之一，也是珠江三角洲地区的名菜，老少皆喜食。五花肉经炸制后切成长方形块状，和芋头相间拼摆在碗中，蒸透了再覆扣在大盘中上席，故而得名。香芋和五花肉搭配在一起，香芋吸收五花肉的油腻，使五花肉变得甘香可口。在许多地方，每逢中秋佳节，人们都会制作香芋扣肉，故此菜又称"中秋叠肉"。香芋即荔浦芋，芋肉有明显的红褐色槟榔纹，集香醇、微甜、酥粉、软滑于一体。古人赞它"玉脂如肪粉且柔，饮餐远胜烂羊头"。将香芋与肥腴的五花肉相间相叠，制成香芋扣肉，可谓取长补短，相辅相成。

原　料

❶ **主配料**　带皮的五花肉 500 g、荔浦芋 400 g、菜心 100 g。

❷ **料头**　蒜 5 g、葱 5 g、芫荽 5 g。

❸ **调料**　盐 2 g、糖 5 g、味精 1 g、蚝油 15 g、南乳 15 g、五香粉 3 g、曲酒 5 g、老抽 5 g、芡汤 100 g、八角 2 g、陈皮 3 g 等。

工艺流程

❶ **流程简图**

香芋扣肉
制作视频

❷ **具体做法**

（1）原料切配：芋头洗净后去皮改刀切成约长 6 cm、宽 4 cm、厚 1 cm 的芋头片；姜去皮后剁成姜蓉，蒜去皮后剁成蒜蓉，葱洗净后切成葱花，芫荽洗净后切成芫荽末，陈皮用凉水泡软后切成小粒。

（2）初步熟处理：五花肉洗净后放入锅中，加入适量的清水加热，沸腾后煮 30 min，取出洗净。把整块五花肉涂抹上老抽，再在猪皮上用竹签扎出小洞。锅中放适量的油，加热至 180 ℃左右时，把五花肉的皮朝下炸制，至猪皮炸至起泡上色捞出，待凉。芋头片直接下油锅炸至表面微黄，捞出。

（3）主料加工：将初步熟处理的五花肉改刀切成约长 6 cm、宽 4 cm、厚 1 cm 的五花肉片。

（4）调配酱汁：取一大碗加入姜蓉、蒜蓉、葱花、芫荽末、陈皮粒和八角碎，再加入盐、糖、味精、蚝油、南乳、曲酒、五香粉、老抽和芡汤拌匀，调成酱，放入五花肉片拌匀腌制。

（5）造型拼摆：将腌制好的五花肉片夹上芋头片，再放五花肉片和芋头片，按此方法将五花肉片和芋头片相间隔开，然后排在大碗中。最后要用芋头或五花肉片将碗填平，浇上酱汁。

（6）熟制：上炉蒸 45 min。菜心焯水至熟备用。

（7）装盘：熟制完成后取出，反扣在碟子上，将汤汁倒出，上锅打芡，菜心围边装饰，最后淋上芡汁即可。

准备原料（图示部分）

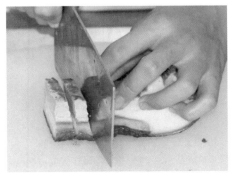

初步熟处理后的五花肉切成片

芋头切成片

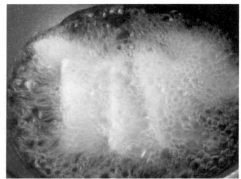

油炸芋头片

调配酱汁

五花肉片与酱汁拌匀

造型拼摆

浇上酱汁

反扣装盘

制作要点

（1）炸制五花肉时一定要吸干五花肉表面的水分，否则炸制时会溅油，使肉皮朝下，肉皮不能贴锅，并要掌握好油温，避免炸焦；炸制芋头片时油温是关键，一次不要放入太多，入锅后经常搅动，避免贴锅。

（2）调酱时味道要掌握好，要根据调料的重量来投放，避免太咸，可略淡，因为勾芡时还可以调味。

（3）摆放时要排整齐和排紧。

思考题

（1）制作菜肴"香芋扣肉"时，五花肉的皮为什么要扎小洞？

（2）在菜肴"香芋扣肉"的制作过程中，五花肉为什么要用高温炸制？

（3）"香芋扣肉"的成菜特点有哪些？

任务六　豉汁蒸排骨

学习目标

（1）了解"豉汁蒸排骨"的成菜特点与发展历程，学习"平蒸法"的工艺特点。

（2）掌握菜肴"豉汁蒸排骨"的制作工艺流程，并利用"平蒸法"独立完成菜肴的制作。

（3）菜肴"豉汁蒸排骨"使用了"食粉"，该食品添加剂在使用上是有要求的，通过该菜肴的制作，培养学生的食品安全意识，使学生养成规范操作的习惯。

豉汁蒸排骨成品图

任务导入

豉汁蒸排骨最早是广式早茶里十分有名的茶点，后来演变成一道菜肴。嫩嫩的排骨表面裹满浓郁的豉汁，香味扑鼻，排骨非常软烂，深得食客喜爱。多年前，中国的厨师们就已经使用豆豉来给食材调味。不得不说，豆豉是中国人的一项伟大发明。但凡加了豆豉的菜品，味道会变得鲜美。豆豉作为家常调味品，适合烹饪鱼肉时解腥调味。豆豉又是一味中药，风寒感冒、怕冷发热、寒热头痛、鼻塞打喷嚏、腹痛吐泻者宜食；胸膈满闷、心中烦躁者宜食。

原　料

① **主配料**　排骨 400 g。

② **料头**　姜 5 g、蒜 10 g、芫荽 3 g、葱 3 g、红辣椒 5 g。

③ **调料**　豆豉 10 g、盐 3 g、糖 54 g、味精 2 g、蚝油 5 g、老抽 1 g、生粉 10 g、花生油 10 g、食粉 3 g 等。

工艺流程

豉汁蒸排骨
制作视频

① **流程简图**

② **具体做法**

（1）原料切配：将排骨斩成长约 2 cm 的排骨段，豆豉切碎，姜去皮后切成姜蓉，蒜去皮后切成蒜蓉，芫荽洗净后切成芫荽末，葱洗净后切成葱花，红辣椒切成小粒。

（2）排骨预处理：在斩好的排骨段中加入食粉拌匀，腌制 30 min，再用清水冲洗干净并吸干水分备用。

（3）排骨腌制：排骨段中加入盐、糖、味精、蚝油、老抽、生粉、豆豉碎、姜蓉、蒜蓉、芫荽末和红辣椒粒拌匀腌制，最后加入花生油拌匀。

（4）熟制：将腌制好的排骨盛在碟中上炉，用大火蒸熟。

（5）装盘：在蒸熟的豉汁排骨中撒上葱花即可。

准备原料（图示部分）

原料的切配

豉汁的原料

排骨预处理

排骨腌制

熟制

附：大量调配豉汁时，取豆豉粒 500 g、姜蓉 25 g、蒜蓉 100 g、芫荽 25 g、干葱蓉 40 g、陈皮末 6 g、红辣椒粒 25 g、盐 25 g、味精 20 g、糖 50 g、老抽 5 g、蚝油 50 g、生粉 15 g、花生油 100 g；起锅放入豆豉粒、姜蓉、蒜蓉、干葱蓉、陈皮末、红辣椒粒爆香，加入所有调料，中火炒至香味透出，用湿生粉勾成糊状酱汁，盛在碟中，用花生油封面。

制作要点

（1）排骨要用食粉腌透再冲洗。
（2）斩好的排骨为什么要用食粉腌制 30 min，再用清水冲洗？
（3）蒸制时一定要将排骨均匀铺开，避免重叠，以免成熟度不一致。
（4）排骨要选择肋排，切块尽量小，便于蒸熟。

思 考 题

（1）菜肴"豉汁蒸排骨"应该用什么火候进行蒸制？
（2）斩好的排骨为什么要泡食粉？
（3）"豉汁蒸排骨"的成菜特点有哪些？

任务七　糖醋生炒骨

学习目标

（1）了解菜肴"糖醋生炒骨"的成菜特点与发展历程，学习糖醋汁的调配方法。

（2）掌握菜肴"糖醋生炒骨"的制作工艺流程，并能独立完成菜肴的制作。

（3）通过了解广东传统特色名菜"糖醋生炒骨"的演变与菜肴制作过程，感受粤菜文化的"传承不守旧、创新不忘本"的内核精神。

糖醋生炒骨成品图

任务导入

糖醋生炒骨与北方的糖醋排骨截然不同，与糖醋咕噜肉极为相似。有一种说法是当时在广州的许多外国人非常喜欢食用中国菜，尤其喜欢吃糖醋排骨，但吃时不习惯吐骨。广东厨师即将出骨的精肉加以调味，并与生粉拌和，制成一只只大肉圆，入油锅炸至酥脆，粘上糖醋汁，其味酸甜可口，受到欢迎，此菜即为"糖醋咕噜肉"。此菜不仅承载着广东人民对美食的热爱和追求，还成为连接广东与世界各地美食文化的桥梁。

糖醋生炒骨虽然在历史的长河中可能因商家的创新和食客的需求而逐渐演变，但其核心烹饪手法和口味与糖醋咕噜肉一脉相承。它同样以酸甜口味为主，炸制后的排骨外酥里嫩，再搭配特制的糖醋汁，使得整道菜肴口感丰富，层次分明。

原 料

① 主配料 排骨 250 g、净菠萝 100 g、洋葱 25 g、青辣椒 15 g、红辣椒 15 g。

② 调料 糖醋汁 200 g、盐 3 g、糖 1 g、味精 1 g、鸡蛋 1 个、生粉 100 g、二曲白酒 5 g 等。

附：50 份糖醋汁用料如下。白醋 6000 g、冰片糖 3300 g、茄汁 1200 g、OK 汁 300 g、山楂饼 200 g、话梅 200 g、盐 5 g。

工艺流程

糖醋生炒骨
制作视频

① 流程简图

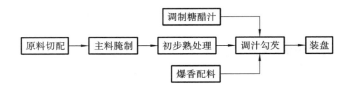

② 具体做法

（1）原料切配：菠萝切成菠萝片（厚约 0.5 cm），洋葱切成菱形洋葱片，青辣椒切成菱形辣椒片，红辣椒切成菱形辣椒片。

（2）主料腌制：在切好的排骨中加入盐、糖、味精和二曲白酒拌匀腌制 15 min，放入蛋液拌匀后裹上生粉。

（3）初步熟处理：起锅加入油，大火将油加热到约 160 ℃，放入腌制好的排骨块，炸至金黄色且熟透即可捞出。

（4）调制糖醋汁：将白醋 6000 g、冰片糖 3300 g、茄汁 1200 g、OK 汁 300 g、山楂饼 200 g、话梅 200 g 和盐 5 g 放入锅里，小火加热烧开，煮至山楂饼完全溶化，关火待凉，放冰箱保存备用。

（5）爆香配料：热锅凉油，加入洋葱片、青辣椒片和红辣椒片爆炒至香后盛出。

准备原料（图示部分）

原料的切配

排骨腌制

炸制排骨

调制糖醋汁

爆香配料

翻拌拌匀

（6）调汁勾芡：在锅中加入调好的糖醋汁加热后勾芡，最后放入熟制好的排骨、菠萝及其他配料，翻拌均匀。

（7）装盘：将做好的糖醋生炒骨盛上盘即可。

制作要点

（1）调制、储存糖醋汁时应避免使用铁锅。

（2）要将排骨浸炸至外表酥脆，必须掌握好油温。

（3）为了保持排骨表面酥脆，应先勾芡再放入排骨，并迅速炒匀装盘。

思考题

（1）配料中的菠萝可以替换成什么原料，需要注意什么？

（2）"糖醋生炒骨"的成菜特点有哪些？

任务八 萝卜焖牛腩

（1）了解菜肴"萝卜焖牛腩"的成菜特点，学习一般焖制菜肴的酱汁调配与"熟焖法"的工艺特点。

（2）掌握"萝卜焖牛腩"的制作工艺流程，并能通过"熟焖法"独立完成菜肴的制作。

（3）通过"萝卜焖牛腩"菜肴的调味，使学生感受粤菜烹调中特有的"酱汁"文化，增加学习兴趣，并培养学生规范操作的良好习惯。

萝卜焖牛腩成品图

任务导入

萝卜焖牛腩是一道典型的广东菜，广东人焖肉时喜欢放柱侯酱。柱侯酱是佛山传统名产之一，创于清代嘉庆年间。它是以大豆、面粉作为原料，经制曲、晒制成酱胚，并加入猪油、白糖、芝麻蒸煮而成的。用柱侯酱来焖肉，可使肉类色泽红亮，酱香浓郁，入口醇厚。萝卜和牛腩是比较常见的食材，尤其是萝卜，营养丰富，有助于润肠通便、清凉降热，对身体健康有益。

052

萝卜与牛腩这两种食物的搭配，别有一番风味。

党的二十大报告提出："坚持和发展马克思主义，必须同中华优秀传统文化相结合。"我们可以清晰地感受到，中国传统饮食文化所追求的，并非只是口腹之乐，而是更加注重饮食的滋补养身价值。

原　料

① **主配料**　牛腩 600 g、白萝卜 300 g。

② **料头**　姜 30 g、葱 10 g。

③ **调料**　盐 5 g、冰糖 8 g、味精 3 g、桂林辣椒酱 10 g、柱侯酱 15 g、料酒 15 g、生抽 10 g、八角 1 g、花椒 2 g、桂皮 1 g、甘草 1 g、陈皮 1 g。

萝卜焖牛腩
制作视频

工艺流程

① **流程简图**

主配料切配 → 主料初步处理 → 熟制 → 收汁勾芡 → 装盘

② **具体做法**

（1）主配料切配：将牛腩改刀切成牛腩块，白萝卜去皮后滚刀切成白萝卜块，姜去皮后切成姜片，葱洗净后切成葱段。

（2）主料初步处理：牛腩块冷水下锅，放入部分葱段、姜片，加入料酒焯水；白萝卜块冷水下锅，煮至半熟。

（3）熟制：热锅凉油，加入姜片和葱段炒香，再放入初步处理好的牛腩块爆炒至香后加入料酒，再放入清水，调入盐、冰糖、味精、桂林辣椒酱、柱侯酱、生抽、八角、花椒、桂皮、甘草和陈皮，加盖调小火焖至软滑。

（4）收汁勾芡：当牛腩块焖至软滑后便可加入白萝卜块，再改用中大火，汤汁蒸发剩四分之一时便可调入生粉勾芡。

（5）装盘：将做好的萝卜焖牛腩装进烧热的瓦煲中即可。

所需原料（图示部分）

白萝卜的切配

白萝卜氽水

牛腩的熟制

加调料后

焖至软滑

放入白萝卜块，收汁勾芡

制作要点

（1）白萝卜块切好后可放进盐水中浸 10 min 去苦味，或者先用热水将萝卜余一下，再用凉水泡几分钟，这样做出的萝卜吃起来没有苦味。

（2）牛腩一定要用小火焖制。

（3）此菜主要是吃牛腩和萝卜，重点不是汤，因此加水要适量。

思 考 题

（1）白萝卜在焖制之前要进行什么处理？

（2）牛腩块为什么要飞水炒制后再进行焖制？

（3）"萝卜焖牛腩"的成菜特点有哪些？

模块四

家禽篇

扫码看课件

模块导学

　　禽是鸟类的统称。家禽是指人工驯养的禽类。家禽饲养遍及全国，在我国已有 5000 多年的历史。由于家禽的饲养条件比较简单，因此产量比较大。家禽的肉质比较细嫩，味道鲜美，营养丰富，是我国重要的肉类原料之一。本模块挑选顺德菜中常见的以家禽类为主料进行烹饪的菜肴进行教学，有助于学生掌握烹调技法和学习大部分以家禽类为主料的菜肴的制作。

模块目标

　　知识教学目标：通过对本模块的学习，了解顺德菜中以家禽类为主料的菜肴成菜特点、发展历程与相关的烹调方法。

　　能力培养目标：能够按照菜肴要求对常见家禽类原料进行切配、腌制、初步熟处理等烹制前的预制，并能独立制作各项任务中的菜肴。

　　职业情感目标：让学生养成遵守规程、安全操作，注重整洁卫生的良好习惯，并能够正确看待本专业操作的特殊性，增强对本专业的情感认知。

任务一　白切鸡

（1）了解菜肴"白切鸡"的成菜特点与发展历程，学习"汤浸法"的工艺特点。

（2）掌握"白切鸡"的制作工艺流程，利用"汤浸法"独立完成菜肴制作，并能够进行摆盘斩件的美化。

（3）培养学生注意卫生和规范操作的良好习惯，感受粤菜文化中"食鲜本味"的文化精髓。

白切鸡成品图

任务导入

　　从前有一个读书人，早年寒窗苦读觅得一官半职，却因受不了官场黑暗，弃官务农。他乐善好施、性格豪爽，又有文化，所以深得村民拥戴。他生活清贫，膝下无儿。一年中秋节，他和妻子商量了一下，决定杀只母鸡，一来祈天保佑早生贵子，二来打打牙祭。妻子刚将母鸡剥洗干净放进锅中，忽然窗外有人呼嚷哭喊。原来是小孩贪玩灯笼酿成火灾。时值秋季，一些村民的家财眼看要化作灰烬。他二话没说，拿起一个水桶就冲了出去，他的妻子也跟着去救火。

在村民的共同努力下，火势很快得到了控制，并最终被扑灭。农夫回家时灶火已熄，锅中水微温。原来是妻子走得匆忙，只在灶中添柴，而忘记放调料和盖上锅盖。而锅中鸡竟被热水烫熟了！于是，白斩来吃。

白斩鸡的做法是在水开时开盖浇淋鸡体，致鸡肉刚熟，不加调料。数百年来白斩鸡推陈出新，历久不衰。广东称"无鸡不成宴"，主要就是指白斩鸡。

白斩鸡又名白切鸡。白切鸡是两广非常出名的家常菜。除广东外，广西各地都非常流行，更是农村红白喜事中必不可少的菜。清代袁枚在《随园食单》中将白切鸡称为白片鸡。袁枚说：鸡功最巨，诸菜赖之，故令羽族之首，而以他禽附之，作羽族单。食单上列鸡菜数十款，用于蒸、炮、煨、卤、糟的都有，列以首位的就是白片鸡，说它有"太羹玄酒之味"。如今，粤菜厨坛中，鸡的菜式有200余款之多，而让人常食不厌的正有白切鸡，原汁原味，皮爽肉滑，大筵小席皆宜，深受食家青睐。广东不少地方有吃白切鸡的习惯，湛江人尤其喜爱白切鸡，它是湛江人节日加菜、宴客的第一菜。湛江人做白切鸡，一重选鸡，二重煮鸡，三重配味。所选鸡均为本地细骨农家鸡，绝不用饲料鸡和大骨鸡；煮鸡要求小火煮浸，熟至八九成即可；配料用沙姜、蒜蓉。本地人所做的白切鸡均肉嫩骨香，十分可口。

原料

❶ **主配料**　三黄鸡 1 只。

❷ **料头**　姜 30 g、葱白 15 g。

❸ **调料**　盐 20 g、冰糖 10 g、鸡粉 10 g、料酒 20 g 等。

工艺流程

白切鸡
制作视频

❶ **流程简图**

```
清洗 → 熟制 → 浸冰水 → 斩件 → 装盘
                              ↑
                      制作蘸料
```

❷ **具体做法**

（1）清洗：将鸡清洗干净，斩下鸡脚。

（2）熟制：在锅中加入水、姜、葱、盐、冰糖和料酒，水烧开后放入整鸡，盖好锅盖，待水再烧开转小火（或关火）浸 20 min 捞出。

（3）浸冰水：将熟制好的整鸡放入冰水中过凉直到整鸡凉透。

（4）制作蘸料：姜剁成姜蓉，葱白切成葱末，拌入盐和鸡粉，再淋入烧热后的花生油拌匀即可。

（5）斩件：将过凉后的白切鸡斩件。

（6）装盘：将斩件后的白切鸡拼摆装盘。

宰杀清洗

加入葱、姜

把整鸡放入沸水中

整鸡浸熟后捞出，再浸冰水

斩件

装盘

制作要点

（1）熟制整鸡时的水要使鸡被完全浸没，以确保温度恒定。

（2）浸鸡时的水尽量不要沸腾，水温应控制在 90 ℃左右。

（3）浸冰水过凉时要把整鸡凉透以确保口感。

思 考 题

（1）熟制好的整鸡为什么要在冰水中过凉？

（2）"白切鸡"的成菜特点有哪些？

任务二　凤城四杯鸡

（1）了解菜肴"凤城四杯鸡"的成菜特点与发展历程，学习"汁焗法"的工艺特点。

（2）掌握"凤城四杯鸡"的制作工艺流程，利用烹调法"汁焗法"独立完成菜肴的制作，并能够进行摆盘斩件的美化。

（3）培养学生注意卫生和规范操作的良好习惯，感受粤菜文化中的百味调和，搭配适宜。

凤城四杯鸡成品图

任务导入

关于四杯鸡的来历，可谓众说纷纭。一说：四杯鸡来源于三杯鸡。某狱卒用三杯调料把鸡蒸熟（三杯鸡），以祭民族英雄。该民族英雄就义后，他的后人遭到追杀，其中一支逃到顺德三面环水的马岗安家，并把三杯鸡制法带到顺德。文学巨匠巴金把该菜的制法概括为28字诀：一杯香油，一杯老酒，一杯酱油，不加清水，将鸡砍烂，放入干蒸，煨熟即成。顺德人加以改进，创制了四杯鸡。二说：四杯鸡由顺德家庭主妇创制。提出此说的是唯灵先生。总之，四杯鸡的成名，是顺德无数人心血和经验的结晶，并不是某人心血来潮或灵光一现的产物。最重要的是四杯鸡食味调和。一杯香油，给鸡带来了特有的香气，素净透明、富于光泽的质感和醇美适口的滋味；一杯酱油，给鸡肉带来了棕红鲜艳的色泽和清而不淡、鲜而不浊的美味；一杯老酒，酒中的醇类和鸡肉中的脂肪酸等在烹饪过程中产生反应，生成不同香型的酯类物质，从而产生强烈的香气，令人闻之垂涎；一杯糖，其甜味能够起到调和各味、增鲜、解腻和增香的作用，这杯糖使四杯鸡在食味上超过了三杯鸡，体现了顺德厨师在调味上的高明之处。正如唯灵先生所说：四杯作料缺一不可，真正达到食味调和的境界。

四杯鸡声名显赫。早在20世纪20年代后期，在顺德大酒楼技术精英新菜评比活动中，四杯鸡初露头角，获得一等奖；1988年，罗福南师傅烹制的凤城四杯鸡在佛山市第一届美食节中获金奖；1997年，凤城酒店的四杯鸡在加拿大多伦多美食节上成为指定菜式；2000年，万怡酒店用凤城四杯鸡接待来顺德调研的领导人。

原　料

① **主配料**　三黄鸡 1 只。
② **料头**　姜 15 g、葱 10 g、八角 1 个、香叶 3 片，桂皮、甘草少许。
③ **调料**　生抽 75 g、料酒 100 g、冰糖 15 g、鸡粉 10 g 等。

凤城四杯鸡
制作视频

工艺流程

① **流程简图**

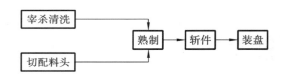

② **具体做法**

（1）宰杀清洗：将鸡放血后，用 70 ℃的水烫鸡拔毛，开膛去除内脏，并将整鸡清洗干净。

（2）切配料头：将姜去皮洗净切成姜片，葱洗净后切成葱段。

（3）熟制：热锅凉油，放入姜片和葱段爆炒至香，再一同加入生抽、料酒、冰糖、鸡粉、水、八角、香叶、桂皮和甘草。大火烧开后放入整鸡，转中火煮 20 min，再开大火将酱汁煮至胶稠即可出锅。

准备原料（图示部分）

熟制

斩件

（4）斩件：将四杯鸡放凉后再斩件。

（5）装盘：将斩件后的四杯鸡拼摆装盘淋上酱汁即可。

制作要点

（1）烫鸡拔毛的水温要掌握好。

（2）放入整鸡烹制时要每隔一段时间进行翻转，使整鸡能受热均匀，有助于其更好熟制。

（3）四杯鸡放凉后再斩件能保证成品完整，享用时再加热淋上酱汁。

思考题

（1）"凤城四杯鸡"的四杯是哪四杯？

（2）"凤城四杯鸡"的成菜特点有哪些？

任务三 脆皮乳鸽

学习目标

（1）了解菜肴"脆皮乳鸽"的成菜特点与发展历程，学习"脆皮炸法"的工艺特点。

（2）掌握"脆皮乳鸽"的制作工艺流程，利用"脆皮炸法"独立完成菜肴的制作，并能够进行摆盘斩件的美化。

（3）通过乳鸽的"挂皮""熟制"等步骤培养学生规范操作、安全操作的意识。

脆皮乳鸽成品图

任务导入

脆皮乳鸽是广东菜中的一道传统名菜，具有皮脆肉嫩、色泽红亮、鲜香味美的特点，常吃可使身体强健、清肺顺气。随着菜肴制作工艺的不断发展，逐渐形成了熟炸法、生炸法和烤制法三种制作方法。无论采用哪种制作方法，脆皮乳鸽都是对鸽子进行一系列的处理，挂脆皮糖浆后再加工而成，成品外脆里嫩、色泽红亮、香气馥郁。这三种方法的制作过程都不算复杂，但若想达到理想的效果并不容易。名厨傅瑞涛（曾用名：傅志伟）曾在《东方美食》杂志2007

年第十二期发表了一篇名为"脆皮乳鸽三种做法"的技术论文，详细阐述了"脆皮乳鸽"的制作工艺，得到了业界广泛认可，至此该菜的做法得到统一，并形成了完善的制作标准。

原　料

① **主配料**　乳鸽 2 只。

② **料头**　姜 10 g、葱 5 g、芫荽 5 g 等。

③ **调料**　盐 5 g、糖 3 g、味精 2 g、料酒 5 g、麦芽糖 250 g、大红浙醋 500 g、顺德二曲酒 250 g 等。

工艺流程

① **流程简图**

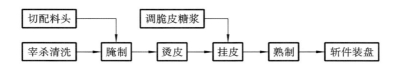

脆皮乳鸽
制作视频

② **具体做法**

（1）宰杀清洗：将乳鸽放血后，用 65 ℃的水烫乳鸽拔毛，开膛去除内脏，并将整只乳鸽清洗干净。

（2）切配料头：姜去皮洗净后切成姜片，葱和芫荽洗净后切成段。

（3）腌制：料头中加入盐、糖、味精和料酒拌匀后放入乳鸽腌制。

（4）调脆皮糖浆：大红浙醋中放入麦芽糖，加热至溶化后放入顺德二曲酒调匀即可。

（5）烫皮：将腌制好的乳鸽放入开水中，使表皮烫熟。

（6）挂皮：将烫熟表皮的乳鸽沥干水分，均匀地涂抹上调好的脆皮糖浆后风干表皮。

（7）熟制：将晾干后的乳鸽放入 120 ℃的油中浸炸至熟透，再升高油温将乳鸽炸至表皮呈浅枣红色且酥脆。

（8）斩件装盘：将出锅后的脆皮乳鸽斩件、拼摆装盘。

准备原料（图示部分）　　　　　　　　腌制　　　　　　　　　　　挂皮

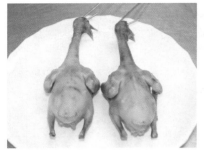

风干

炸制前淋热油

浸炸

炸制完成

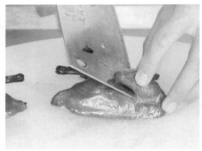

斩件

装盘

制作要点

（1）乳鸽烫皮时不能过熟，否则会析出油脂而不利于挂皮。

（2）乳鸽要晾干或用毛巾吸干表面水分后才可以挂皮。

（3）熟制乳鸽时油温不能过高。

思考题

（1）"脆皮乳鸽"中脆皮糖浆能使乳鸽外皮变酥脆的原理是什么？

（2）在制作"脆皮乳鸽"时为什么要烫皮？

（3）"脆皮乳鸽"的成菜特点有哪些？

任务四　铜盘锡纸焗鸡

学习目标

（1）了解菜肴"铜盘锡纸焗鸡"的成菜特点与发展历程，学习烹调法"焗法"的工艺特点。

（2）学习"全鸡去骨"的精加工工艺，掌握菜肴"铜盘锡纸焗鸡"的制作工艺流程，能够独立完成菜肴的制作。

（3）"铜盘锡纸焗"是在传统"焗法"上的改良与升级，通过对"铜盘锡纸焗鸡"的学习，培养学生善于思考的习惯，正确认识菜肴制作的多样性。

铜盘锡纸焗鸡成品图

任务导入

许多人直观地认为铜盘锡纸焗鸡来自铜盘蒸鸡。中国烹饪大师罗福南师傅讲述，铜盘锡纸焗鸡源自发菜钵头鸡。发菜钵头鸡已有相当长的历史。做法如下：取陶钵一只，放猪肥肉一片垫于钵底，再放上洗净的发菜，发菜上放已调味的鸡件，摆拼成鸡形。用两张纱纸蒙住陶钵，将陶钵放到煤炉上烤至钵面纱纸微脱便成。成菜中，发菜吸收了猪油，也吸收了鸡汁而变得味鲜甘香。由于有猪肥肉垫底，发菜不会被烤焦。鸡肉也沾上了发菜的清香和野味，自是异于寻常。

在顺德不少酒楼食肆，都有铜盘锡纸焗鸡一菜。可以看到师傅戴着防热手套，拿着裹以锡纸的铜盘在炉上来回烤，时刻一到，剪开锡纸才见其中乾坤：鸡肉和红枣、青红辣椒、洋葱、蒜等一起焗在锡纸里，没有什么汁液。原来在烤制的过程中，鸡汁、配料的味道全数焗入了鸡肉里，鸡肉香口滑嫩而呈微黄色，略粘底，盘子里却一滴汁都不落，完全不像铜盘蒸鸡"水多"的样子。有食家评论：席上烤鸡应称为铜盘锡纸焗鸡，成菜相当清爽，这种做法最大限度地保留了鸡肉的原汁原味，味道更为浓郁。鸡肉略带焦黄和甘香，可谓色香味俱全。铜盘有其独到之处，传统的铁板烧传热快，散热也快，上桌后本来香喷喷的鸡肉骤冷，色泽暗淡；锡纸焗又找不到焦香的感觉。于是把铁盘换成铜盘，不仅让客人觉得高档洁净，还增加了相当的亲和力，更具有吸引力。

原料

❶ 主配料 鸡 1 只。

❷ 料头 姜 10 g、蒜头 5 g、洋葱 20 g、葱 10 g、芫荽 5 g、沙姜 5 g、青椒 1 个、红椒 1 个。

❸ 调料 盐 3 g、糖 3 g、味精 2 g、盐焗鸡粉 3 g、蚝油 5 g、生粉 10 g、胡椒粉 2 g、料酒 3 g、花生油 5 g 等。

铜盘锡纸焗鸡
制作视频

工艺流程

❶ 流程简图

整鸡斩件 → 腌制 → 刀工处理 → 熟制 → 上席

❷ 具体做法

（1）整鸡斩件：将光鸡洗净后，均匀斩成小件。

（2）腌制：在斩好的鸡块中加入盐、糖、味精、盐焗鸡粉、蚝油、胡椒粉和料酒拌匀，最后拌入生粉。

（3）刀工处理：姜去皮洗净后切成菱形姜片，蒜头去皮后切成蒜片，洋葱切成洋葱件，葱和芫荽洗净后切成段，沙姜剁成蓉，青椒、红椒切成菱形片。

（4）熟制：在铜盘中涂上花生油，再将切配好的料头铺在盘底，然后均匀地铺上腌制好的鸡块，放上青、红椒片，用锡纸将铜盘盖住并密封，放在卡式炉上，中火焗 8 ~ 10 min。

（5）上席：熟制完成的铜盘锡纸焗鸡打开锡纸撒上芫荽段即可。

准备原料（图示部分）

整鸡斩件

去鸡腿的骨头

加工好的原料

调味腌制

均匀放在铜盘上

制作要点

（1）整鸡斩件时应熟练掌握刀工技巧，将鸡斩成大小相近的鸡块，条件允许时应剔去鸡大骨以便更好地熟制。

（2）熟制时应确保卡式炉火力均匀，使原料均匀受热。

（3）熟制完成后应立刻打开锡纸，避免冷凝水滴入而影响菜肴口感。

思 考 题

（1）"铜盘锡纸焗"与传统的烹调技法"焗法"相比有哪些优势？

（2）其他相同类型的焗制菜肴是否也能用"铜盘锡纸焗"？请举例说明，并简要描述操作步骤。

（3）"铜盘锡纸焗鸡"的成菜特点有哪些？

任务五　彭公鹅

（1）了解菜肴"彭公鹅"的成菜特点与发展历程，学习烹调法"原件煸"的工艺特点。

（2）掌握鹅的初加工工艺，掌握菜肴"彭公鹅"的制作工艺流程，并能够独立完成菜肴的制作。

（3）培养学生注意卫生和规范操作的良好习惯，重视操作过程中的细节。

彭公鹅成品图

任务导入

　　顺德彭公鹅，即姜醋鹅，以子姜、米醋（甜中带酸）和彭公之名表达祝福子孙昌盛的吉祥寓意，

068

又由于姜、醋有消滞开胃之效，正好消解鹅肉的饱滞肥腻。

在顺德农村，民风淳朴，食风粗犷，向来有以鹅宴客的风俗。顺德容桂人素重鹅，无论是童子开笔礼，还是成人订婚礼，亦或是端午龙船互访，都要送鹅。彭公鹅初时是顺德农家筵席的一道大菜，菜名中的"彭公"是民间传说中那位活了 880 岁的寿星厨神"彭祖阿公"，顺德民间以农历六月十二为"彭祖诞"。据说，彭公嗜舒雁（鹅），而农民意重吉祥，在祝寿或庆祝小孩满月的宴会上，自然乐于请出彭公来祈求长寿。鹅是长寿动物，喂养得好，可以活到 100 岁。寿星公爱鹅，顺理成章。因此在顺德，尤其是在容桂地区，无论是在婴儿满月筵席上，还是在老人寿宴上，人们总会品尝到醋香扑鼻、酱色耀眼的彭公鹅。彭公鹅还在顺德的美食盛事中大放异彩。在顺德第三届私房菜大赛总决赛中，彭公鹅与其衍生菜彭公鸭比试，双双进入了前十名，成为美谈。秘制彭公鹅还被纳入顺德万人龙舟宴的菜单，可见它已经成为顺德风味菜的经典菜式。2005 年 12 月，顺德龙的酒楼厨师演绎的古法彭公鹅在广东烹饪名师评审活动中被评为金奖菜品。在第五届中国烹饪世界大赛中，龙的酒楼选手将米醋改为果醋，加入法国鹅肝切片，与子姜片、鹅肉片以"麒麟"的方式相夹烹制，用"鼎"盛载以显古意，这款古法彭公鹅因中西结合、土洋结合的特色而荣获大赛热菜金奖。

原　料

❶ **主配料**　鹅 1 只。

❷ **料头**　姜 1000 g、葱 15 g。

❸ **调料**　盐 10 g、酱油 15 g、米酒 100 g、冰糖 50 g、乌醋 200 g、白醋 1000 g、八角 1 个、香叶 3 片，桂皮、甘草少许。

工艺流程

彭公鹅
制作视频

❶ **流程简图**

❷ **具体做法**

（1）宰杀清洗：将鹅放血后用 80 ℃的水烫后拔毛，开膛去除内脏，并将整鹅清洗干净。

（2）主料预处理：用酱油在整鹅上涂抹均匀。热锅凉油，将整鹅煎至各面金黄且焦香，再将整鹅放入乌醋和白醋中浸泡 40 min。

（3）切配料头：姜去皮后切成姜片，葱洗净后切成葱段。

（4）熟制：热锅凉油，放入姜片和葱段爆炒至香，再一同加入乌醋、白醋、米酒、盐、冰糖、八角、香叶、桂皮和甘草。大火烧开后转中小火将姜片煲至入味，再放入整鹅，转小火煮

40 min，再开大火将酱汁煮至胶稠即可出锅。

（5）斩件：将彭公鹅放凉后再斩件。

（6）装盘：将斩件后的彭公鹅拼摆装盘淋上酱汁即可。

准备原料（图示部分）

煎至各面金黄且焦香

葱、姜爆香后放入整鹅

调入调料及加入料头

熟制

斩件

制作要点

（1）烫鹅拔毛的水温要掌握好。

（2）放入整鹅熟制时要每隔一段时间进行翻转，使整鹅受热均匀，有助于更好地熟制。

（3）乌醋含有较高的糖分，熟制时火候要控制得当，以免整鹅焦煳。

（4）彭公鹅放凉后再斩件能保证成品完整，享用时再加热淋上酱汁。

思考题

（1）为什么要使用 80 ℃的水烫毛，而不使用沸水？

（2）"彭公鹅"的成菜特点有哪些？

任务六　顺德醉鹅

（1）了解菜肴"顺德醉鹅"的成菜特点与发展历程。

（2）掌握菜肴"顺德醉鹅"的制作工艺流程，并能够独立完成菜肴的制作。

（3）培养学生安全操作、注意卫生和规范操作的良好习惯，正确对待菜肴制作的"色、香、型"的必要性。

顺德醉鹅成品图

任务导入

醉鹅，是顺德当地的一道名菜，是一款药膳菜品，主要材料是鹅肉。醉鹅味浓肉美，且操作简便。只需将已煮好的鹅肉，倒入酱料和米酒，盖上锅盖并加酒，煮一会便用打火机点火，在锅盖与锅之间的空隙燎起火焰，非常引人注目。

火焰醉鹅由火焰鱼衍生而来，做法看似简单，但对厨艺要求颇高。老广记师傅称，醉鹅采用纯天然食材、药材、香料作为原料，健康味美。同时，醉鹅的做菜过程都在食客眼皮底下完成，火焰燃烧的状态更像是一种表演。食客在食鹅之前，等待 20 多分钟，厨师就在桌旁时刻关注锅中的变化，加火、翻炒、加入各种调料，不紧不慢，仿佛魔术师一般。火焰醉鹅是一道非常美味、富有营养的菜品，主要材料是鹅肉，制作的关键就在于它的酱料，这是每位师傅的独门秘方。火焰醉鹅的烹制方法十分地道，采用姜、大蒜、葱与一些药材制作，当酒气完全蒸发后，一道酒醇肉香的火焰醉鹅就烹制完成了。

原　料

❶ **主配料**　鹅 1 只。

❷ **料头**　姜 100 g、蒜头 30 g、大葱 50 g、葱 15 g。

❸ **调料**　盐 10 g、鸡粉 10 g、酱油 15 g、蚝油 20 g、米酒 500 g、冰片糖 30 g、八角 2 个、香叶 3 片、果皮少许、甘草少许。

顺德醉鹅
制作视频

工艺流程

❶ **流程简图**

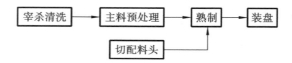

❷ **具体做法**

（1）宰杀清洗：将鹅放血后用 80 ℃的水烫后拔毛，开膛去除内脏，并将整鹅清洗干净。

（2）主料预处理：将整鹅斩成块，再放入蚝油和酱油拌匀腌制，热锅凉油，放入腌制好的鹅块煎至金黄且焦香。

（3）切配料头：姜去皮后切成姜片，大葱洗净后切成段，葱洗净后切成葱段。

（4）熟制：热锅凉油，放入姜片、蒜头、大葱段和葱段爆炒至香，放入预处理好的鹅块煎制，再加入米酒，待火焰烧尽时加入水、盐、鸡粉和冰片糖调味，大火烧开后转中小火焖至酥软入味，再开大火将酱汁煮至胶稠即可出锅。

（5）装盘：将焖好的醉鹅装盘即可。

准备原料（图示部分）　　　　　宰杀清洗后斩件　　　　　主料预处理

煎至金黄

爆炒，加入米酒

加水焖至酥软入味

制作要点

（1）烫鹅拔毛的水温要掌握好。

（2）熟练掌握预处理的步骤。

（3）加入米酒后火焰燃烧时要注意周边安全。

思 考 题

（1）为什么要使用 80 ℃的水烫后拔毛，而不使用沸水？

（2）"顺德醉鹅"在操作时为什么使用度数不高的米酒，而不用更高度数的白酒？

（3）"顺德醉鹅"的成菜特点有哪些？

模块五
水产篇

扫码看课件

模块导学

　　水产是生活于水中动物的统称，种类繁多，差异大。按其生活的水域分为淡水类、咸水类，再细分则有海类、河类、湖泊类、塘类等。原料学中将水产品分为鱼类、虾蟹类、软体类和其他水产品。本模块通过顺德常见的以水产品作为主料进行烹饪的菜肴的示范制作，使学生掌握水产类原料的初步加工工艺与菜肴的制作工艺流程。

模块目标

　　知识教学目标：通过对本模块的学习，了解顺德菜中以水产类为主料的菜肴成菜特点、发展历程与相关的烹调方法。

　　能力培养目标：能够按照菜肴要求对常见水产类原料进行初步加工、精加工、腌制、初步熟处理等烹制前的预制，并能独立制作各项任务中的菜肴。

　　职业情感目标：让学生养成遵守规程、安全操作，注重整洁卫生的良好习惯，培养学生不怕吃苦、不怕脏累的良好品质，从"鱼胶类"菜肴的制作学习中，感受顺德菜肴对"食不厌精，脍不厌细"的追求。

任务一　煎焗大鱼

学习目标

（1）了解菜肴"煎焗大鱼"的成菜特点与发展历程，学习"煎焗法"的工艺特点。

（2）掌握鱼类原料处理的初加工工艺，掌握菜肴"煎焗大鱼"的制作工艺流程，并能够独立完成菜肴的制作。

（3）培养学生安全操作、注意卫生和规范操作的良好习惯。

煎焗大鱼成品图

任务导入

粤菜中素有吃什么补什么的观点，鱼头肉质滑，较受欢迎，但是剩下的鱼身就不好吃了。聪明的广东厨师把鱼身炸了，拆去鱼骨，将鱼肉重新用上汤去滚，做成家乡拆鱼羹。但是还有一种做法，更易被食客接受，则是把鱼腩去掉，将鱼身切成一片一片，加入煎焗粉、料头等，煎至金黄色。其口感鲜嫩、色泽金黄，因而获得很多人的喜爱。

"煎焗法"就是指先煎后焗。现代化养鱼多用饲料喂鱼，导致鱼的肉质松而味道淡，脂肪含量高，顺德厨师采用"煎焗法"，用高温的干锅逼出鱼的一些油脂，使鱼的肌肉组织出现空隙，

076

以便焗时能够更多地吸收味汁。同时煎焗还可以令原料增添香气，产生酥脆的口感和金黄的色泽，获得一定的成熟度。原料煎至一定成熟度后，焗则可以让热力和味道充分深入鱼肉的内部，使鱼肉更为入味。以"煎焗法"做出来的大头鱼鲜香嫩滑，色泽金黄而口味浓郁。

原　料

❶ **主配料**　大头鱼鱼身 250 g。

❷ **料头**　青辣椒 5 g、红辣椒 5 g、洋葱 5 g、蒜头 5 g、姜 5 g、葱 5 g。

❸ **调料**　盐 3 g、味精 1 g、豆瓣酱 3 g、酱油 3 g、料酒 5 g、白胡椒碎 1 g、蛋黄 1 个、生粉 20 g、糯米粉 20 g 等。

工艺流程

❶ **流程简图**

煎焗大鱼
制作视频

❷ **具体做法**

（1）加工主料：将大头鱼鱼身刮去鱼鳞，切去鱼腹，去掉鱼脊骨并冲洗干净，再把大头鱼鱼身横面连脊骨切断成厚约 0.3 cm 的鱼片，俗称"金钱片"。

（2）加工配料：青辣椒洗净后切成菱形青辣椒片，红辣椒洗净后切成菱形红辣椒片，洋葱去皮后切成菱形洋葱片，蒜头去皮后切成蒜片，姜去皮后切成菱形姜片，葱洗净后切成长约 2.5 cm 的葱段。

（3）腌制鱼片：鱼片中调入盐、味精、豆瓣酱、酱油、蛋黄搅拌均匀，腌制入味，再加入生粉、糯米粉搅拌均匀。

（4）熟制：热锅凉油，在锅中排上腌制好的鱼片，中火煎至一面金黄后翻转再煎，然后加入青辣椒片、红辣椒片、洋葱片、蒜片、姜片和葱段，加入料酒和白胡椒碎，调中大火将鱼片和配料煎香煎熟。

（5）装盘：将做好的煎焗大鱼放在吸油纸上去除部分油脂，装盘即可。

准备原料（图示部分）

加工配料

腌制鱼片

加入生粉、糯米粉搅拌均匀　　　　　煎制主料，加入配料　　　　　　　装盘成品

制作要点

（1）加工鱼片时要尽量做到每片鱼片厚薄均匀。

（2）熟制时加入适量的油，以便鱼片均匀成熟和色泽金黄。

（3）加入料酒时要在锅边加，撒白胡椒碎时要撒在鱼片上面。

思 考 题

（1）为什么在宰杀鱼类时需要先放血？

（2）洋葱片、青辣椒片、红辣椒片等原料为什么要最后放进菜肴中加热？

（3）"煎焗大鱼"的成菜特点有哪些？

任务二 均安鱼饼

（1）了解菜肴"均安鱼饼"的成菜特点与发展历程，学习"生煎法"的工艺特点和鱼蓉起胶的原理。

（2）掌握鱼胶的制作与菜肴"均安鱼饼"的制作工艺流程，并能够独立完成菜肴的制作。

（3）培养学生安全操作、注意卫生和规范操作的良好习惯，感受顺德菜肴中对"食不厌精，脍不厌细"的追求。

均安鱼饼成品图

任务导入

均安鱼饼是广东顺德传统的地方名点。《顺德均安志》介绍，均安鱼饼"始于清代光绪年间"。清代同治年间，均安（今广东佛山）人欧阳礼志将其父欧阳华长的厨艺发扬光大，创制了煎鱼饼。当地群众擅于将鲮鱼起肉剁烂来做鱼青，或蒸或打边炉，味道鲜美。欧阳礼志加以改进，将鲮鱼鱼青压成薄饼形，用小火煎至金黄，使之成为佐酒下饭的妙品。

欧阳礼志最初在均安圩中心街（今华安直街）开设档口，后来他的儿子欧阳寿超继承父业，

079

挂出了"寿超鱼饼"的招牌。由于香气扑鼻，爽滑甘美，这种鱼饼很受欢迎，逐渐成为远近闻名的美食，并传至中山海洲（今广东中山）、新会（今广东江门）等地，还曾作为"南航"的飞机餐食。时至今日，我国港澳地区仍有"顺德礼志鱼饼"出售。

均安鱼饼还有一种兄弟小吃——油炸鱼饼。油炸鱼饼的制法是在鱼青内加入适量蜂蜜搅拌压成鱼饼，投入油锅炸至金黄色。随炸随食。其妙处是"以菜胆加汤煨松，鱼饼则分两层而含汤"。油炸鱼饼誉满港澳及邻近各区。

1997年5月，在加拿大多伦多举行的顺德美食节上，由梁兆荣师傅主理的均安鱼饼获优异奖。1997年12月，在杭州举办的全国小吃评比赛上，均安鱼饼被中国烹饪协会认定为"中华名小吃"。

在1998年顺德美食大赛中，均安镇翠湖山庄制作的均安鱼饼被评为金牌名菜。

鲮鱼

原　料

❶ **主配料**　鲮鱼肉300 g、腊肠25 g、马蹄25 g、芫荽25 g、韭黄30 g、韭菜30 g、葱15 g。

❷ **调料**　盐4 g、糖2 g、味精1 g、生粉50 g、胡椒粉1 g、五香粉2 g、麻油2 g。

工艺流程

均安鱼饼
制作视频

❶ **流程简图**

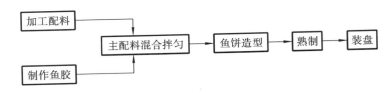

❷ **具体做法**

（1）加工配料：将腊肠蒸熟后切成（约0.3 cm见方）腊肠粒，马蹄去皮后切成（约0.5 cm见方）马蹄粒，芫荽洗净后切成（长约0.5 cm）芫荽段，韭黄洗净后切成（长约0.5 cm）韭黄段，韭菜洗净后切成（长约0.5 cm）韭菜段，葱洗净后切成（长约0.5 cm）葱花。

（2）制作鱼胶：带皮鲮鱼肉洗净后晾干水分，用刀从尾部起刮出不带骨的鱼肉（俗称鱼青），在鱼青中加入盐、糖、味精拌匀至调料溶化且鱼青上劲，再拌入生粉、胡椒粉和麻油

Note

后摔打至爽弹带劲。

（3）主配料混合拌匀：在制作好的鱼胶中加入腊肠粒、马蹄粒、芫荽段、韭黄段、韭菜段、葱花，另加调料五香粉搅拌均匀。

（4）鱼饼造型：取拌匀的主配料（约 30 g），做成（直径约 4 cm、厚约 1 cm）鱼饼。

（5）熟制：热锅凉油，在锅中并排放置已做好造型的鱼饼，中火煎至一面金黄后翻转，再将另一面煎至金黄。

（6）装盘：煎好的鱼饼放在吸油纸上去除部分油脂，装盘即可。

制作要点

（1）制作鱼胶时要注意调料的分量配比。

（2）要掌握制作鱼胶的方法和步骤。

（3）鱼胶拌入配料后应迅速进行熟制以保证鱼饼的品质。

（4）熟制时要注意火候，保证鱼饼熟透且要两面金黄。

思考题

（1）鱼肉、鱼蓉、鱼胶分别有什么不同？

（2）鱼蓉起胶的原理是什么？

任务三　煎酿三拼

学习目标

（1）了解菜肴"煎酿三拼"与"煎酿三宝"的异同。

（2）掌握"打荷"岗位中"酿"的操作技法与菜肴"煎酿三拼"的制作工艺流程，并能够独立完成菜肴的制作。

（3）培养学生安全操作、注意卫生和规范操作的良好习惯，感受顺德菜肴中对"食不厌精，脍不厌细"的追求。

煎酿三拼（左）与煎酿三宝（右）成品图

任务导入

煎酿是顺德人擅长的烹调技法之一。煎酿的好处：煎，让菜肴有甘香酥脆感；酿，加入营养，增添鲜美味。在第 22 届广州（国际）美食节上，有厨师将顺德传统的煎酿菜式荟萃而成"顺德煎酿拼盘"。此菜因口味丰富又风味十足，被评为"美食节代表菜肴"。

顺德传统煎酿佳肴除酿鲮鱼外，比较有名的还有煎酿三宝，就是使用极富田园特色的食材（如苦瓜、茄子、尖椒、莲藕等），把鱼胶填入这些食材中，煎至金黄色，注入上汤和加入调料，加盖焖熟，装盘摆成"品"字形。后来出现煎制后直接上桌食用的方法，别有一番风味，便叫"三拼"。与酿鲮鱼相比，煎酿三拼荤素结合、妙在家常的特色更为明显。此菜鲜香、清凉、爽滑、微辣，一菜三味，造型别致，脍炙人口。值得注意的是，"三拼"之一的酿尖椒单称"勒流酿尖椒"，是主打顺德原生美食的番禺滋粥楼的一道招牌菜。"只用三分之一的青椒，酿出来的鱼滑是扁平的，不像切成一半那样又厚又不透火"，咬下去感觉到的只是尖椒的脆和鱼滑的爽。

原　料

❶ **主配料**　调味鲮鱼胶 500 g、墨鱼胶 200 g、青尖椒 3 只、莲藕 300 g。

❷ **调料**　生抽 3 g、蚝油 3 g、糖 2 g、生粉 30 g。

工艺流程

❶ **流程简图**

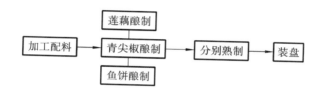

煎酿三拼
制作视频

❷ **具体做法**

（1）加工配料：将莲藕去皮刮净后切成厚约 1 cm 的片，青尖椒对半分，去掉头、尾和籽。

（2）青尖椒酿制：在青尖椒内部撒上干生粉，然后将调味鲮鱼胶酿于青尖椒腔内备用。

（3）莲藕酿制：将莲藕片表面水分吸干，把调味鲮鱼胶酿于莲藕片两面并贯穿莲藕孔洞成饼状。

（4）鱼饼造型：备一盘子，将盘底抹油，再取调味鲮鱼胶（约 30 g），做成大小均匀的鱼球。

（5）分别熟制：烧热锅后放入凉油，先在锅中排上大小均匀的鱼球，用锅铲将鱼球压成小饼状（直径约 4 cm、厚约 1 cm），中火煎至一面金黄后翻转，再煎至另一面金黄后捞出；然后放入酿好的莲藕饼，同样两面煎至金黄焦香后取出；再将酿好的青尖椒酿鲮鱼胶面向下煎至金黄焦香，浇入料酒，而后用蚝油、生抽、糖混合成汁放入锅内翻炒均匀。然后把原本煎好的酿莲藕饼、鱼饼一同放入锅中。

（6）装盘：将翻炒好的鱼饼、酿青尖椒、酿莲藕饼放入盘中即可。

准备原料（图示部分）

加工配料

鱼胶做成大小均匀的鱼球

将鱼胶酿入青尖椒腔

鱼胶酿于莲藕片两面并贯穿莲藕孔洞

分别熟制

调制酱汁

将酱汁淋入

装盘成品

制作要点

（1）调味鲮鱼胶的制作方法要正确，才能保证鱼胶爽口弹牙。

（2）青尖椒在刀工处理完后要在内部撒上干生粉防止成菜时鱼胶馅料脱落。

（3）注意莲藕的原料选购。

（4）掌握好煎制的火候。

思 考 题

（1）调味好的鱼胶如何保存？

（2）煎制青尖椒在出锅前为什么要淋酱汁？

任务四　家乡酿鲮鱼

学习目标

（1）了解菜肴"家乡酿鲮鱼"的成菜特点与发展历程，学习鱼肉起胶的原理与"煎焖法"的工艺特点。

（2）掌握"整鱼去肉"的精加工工艺，菜肴"家乡酿鲮鱼"的制作工艺流程，并能够独立完成菜肴的制作。

（3）培养学生安全操作、注意卫生和规范操作的良好习惯，学习厨师"多思考、多创造"的精神。

家乡酿鲮鱼成品图

任务导入

鲮鱼是广东特有的一种淡水鱼，其肉质鲜美，但刺较多。顺德师傅将鱼肉与骨刺剥离后，再将极细碎的马蹄、冬菇及一点陈皮，与生粉一起搅拌，然后重新装入鱼皮内，其外形与真鱼完全一样。放入油锅内炸至九成熟，再加入调成汁的各种调料将鱼炖至全熟，最后勾芡淋在鱼上即成"家乡酿鲮鱼"。

酿鲮鱼的由来：据传均安有位名叫万让的孝子，他的父亲非常喜欢吃鲮鱼，但鲮鱼小刺较多，稍不注意就容易被鱼刺卡住，万让对此很苦恼。后来他为其父烹制鲮鱼时不断尝试，终于找到了解决办法。

他先把鲮鱼的皮囊剥下来，去其骨，把鲮鱼肉剁成肉蓉，加上少许的生粉、盐及炒香的花生、芝麻、葱花，把它们捞匀后再酿回鲮鱼的皮囊中，使其还原成鲮鱼模样，然后用小火煎熟。再捞出切成段，摆成整鱼形状装盘，化零为整。这道菜，不仅用纯鲮鱼肉制成，味道鲜美，满足了口感，而且无骨，免除了剔除鱼刺的烦恼，很快就在当地流传并逐渐远播，人们还特意用"让"字的谐音命名这道菜，称作"酿鱼"。

中华孝文化底蕴深厚，孝是中华儿女一贯践行的美德，并融入日常生活中，体现在餐桌上。正如党的二十大报告所提出的"弘扬中华传统美德，加强家庭家教家风建设"。这道"家乡酿鲮鱼"充分彰显出文化价值，诠释了孝老爱亲的中华传统文化精髓。

原　料

❶ **主配料**　鲮鱼 2 条、腊肠 10 g、干冬菇 10 g、马蹄 20 g、干云耳 10 g、干虾米 10 g、干粉丝 10 g、花生米 10 g。

❷ **料头**　姜 10 g、蒜 5 g、葱 5 g、芫荽 5 g。

❸ **调料**　盐 5 g、糖 2 g、味精 2 g、豆豉 10 g、生粉 15 g、胡椒粉 3 g、料酒 5 g、陈皮 2 g 等。

家乡酿鲮鱼
制作视频

工艺流程

❶ **流程简图**

❷ **具体做法**

（1）配料加工：将腊肠蒸熟后切成（约 0.5 cm 见方）腊肠粒，干冬菇泡软后切成（约 0.5 cm 见方）冬菇粒，马蹄去皮后切成（约 0.5 cm 见方）马蹄粒，干云耳泡软后切成（粗约 0.2 cm）云耳丝，干虾米泡软后稍切碎，干粉丝泡软后切成（长约 3 cm）粉丝段，花生米炒香后去除表面的红皮稍切碎。陈皮泡软后切成米粒大小，芫荽洗净后切成（长约 1 cm）芫荽段，姜去皮后切成姜蓉，蒜去皮后切成蒜蓉，葱洗净后切成葱花，豆豉稍切碎。

（2）鲮鱼加工：鲮鱼刮鳞去腮，从腹部开膛取出内脏，从腹鳍处内侧轻划一刀（不要划破鱼皮）然后用手慢慢撕开，在脊骨的头尾处切断，把整个鱼皮连头、尾一起取下备用。

（3）制作鱼胶：鲮鱼肉洗净后晾干水分，再剁成鱼蓉，在鱼蓉中加入盐、糖、味精拌匀至调料溶化且鱼蓉上劲，再拌入生粉、胡椒粉和麻油后摔打至爽弹带劲。

（4）制作鱼胶馅：在制作好的鱼胶中拌入腊肠粒、冬菇粒、马蹄粒、云耳丝、虾米碎、粉丝段、花生米碎、陈皮粒和芫荽段，和匀。

（5）酿馅造型：鱼皮沾上干生粉，将制作好的鱼胶馅酿入鱼皮的膛内，做出鲮鱼的形态。

（6）熟制：起锅放入油，加热至120 ℃，放入酿好的鲮鱼炸至表面金黄酥脆且熟便可捞出，热锅凉油，放入姜蓉、蒜蓉和豆豉碎炒香，加入料酒，再加入清水，加盐、糖、味精和蚝油，水开后即可调入芡粉收汁。

（7）装盘：将炸熟的鲮鱼切成块摆上碟，淋上芡汁撒上葱花即可。

准备原料鲮鱼

配料加工成型

起鱼皮

取鱼肉

制作鱼胶

鱼胶中加入配料

鱼皮沾上干生粉

酿入鱼皮

熟制

装盘淋上芡汁

制作要点

（1）起鱼肉时，要手刀配合，保持鱼皮的完整性。

（2）酿制时，应塞满头部，以恢复至鱼的原形为宜，馅料不宜太多或太少。

（3）炸制时，要用中小火慢炸，否则会出现外熟里生的情况；也可以先蒸熟再用中大火快炸。

思 考 题

（1）除了鲮鱼外，其他的鱼可以做成"酿鱼"吗？

（2）腊肠粒、冬菇粒、马蹄粒、云耳丝、虾米碎等原料为什么要在鱼蓉起胶后放入？

（3）"家乡酿鲮鱼"的成菜特点有哪些？

任务五　芥菜浸鱼腐

（1）了解菜肴"芥菜浸鱼腐"的成菜特点与发展历程，学习鱼腐的制作配方。

（2）掌握菜肴"芥菜浸鱼腐"的制作工艺流程，并能够独立完成菜肴的制作。

（3）培养学生安全操作、注意卫生和规范操作的良好习惯，体验中国饮食的创造性，增强职业认同感。

芥菜浸鱼腐成品图

任务导入

鱼腐是广东顺德传统的地方美食之一，以乐从镇制作技艺最为精湛，故又称"乐从鱼腐"。据传，从前该镇有一孝女，见老父亲每日吃咸鱼青菜，味同嚼蜡，郁郁寡欢，于是想烹制一款新菜，让老父亲换换口味。她把鲜鲮鱼刮蓉，加盐摔打至起胶后，加生粉水再摔打均匀，然后分几次加入蛋液，搅匀，用汤匙舀料放入热油中，小火浸炸至熟，老父亲品尝了这款新菜后，木然的脸上第一次绽开了甜蜜的笑容。乡亲们很欣赏孝女的做法，把这款新菜命名为"娱父"，寓使父亲快乐之意。后来，因主料是鱼，菜品形状略似炸豆腐，于是用谐音"鱼腐"称这道菜。

　　乐从鱼腐色泽金黄，味道鲜美，幼滑甘香，撩人食欲，故深受群众欢迎。在乐从，摆酒设宴，席上几乎必有鱼腐。据说，没有鱼腐，就会降低酒宴的档次。鱼腐是不少顺德名菜中的主角，如用鱼腐作为主料的"冬菇蚝油扒鱼腐""上汤韭黄鱼腐窝""火锅鱼腐"等，都是席上佳肴。《顺德菜精选》一书就收录了五道鱼腐名菜。鱼腐入馔品味高。

原　料

① **主配料**　鲮鱼肉 500 g、鸡蛋 8 个、芥菜 250 g。

② **料头**　姜 10 g、蒜 10 g、冬菇 5 朵。

③ **调料**　生粉 25 g、生油 1000 g、麻油少量等。

芥菜浸鱼腐
制作视频

工艺流程

① **流程简图**

② **具体做法**

　　（1）鱼肉初加工：带皮鲮鱼肉洗净后晾干水分，用刀从尾部起刮出不带骨的鱼肉（俗称鱼青）。

　　（2）制作鱼胶：在鱼青中加入盐、糖、味精拌匀至调料溶化且鱼青上劲，再拌入生粉、胡椒粉和麻油后摔打至爽弹带劲。

　　（3）制作鱼腐：在鱼胶中加入鸡蛋 2 个，快速打匀至鱼胶重新黏合起胶，同理每次加鸡蛋 2 个，分四次，打至鱼胶稀稠起胶，再将 200 g 的清水分三次加入直至鱼腐顺滑、稀稠度合适且起胶。

　　（4）鱼腐预处理：起锅下油，加热至 100 ℃，用勺子把制作好的鱼腐放入油锅内，小火炸至鱼腐胀大、饱满圆润即可捞出备用。

　　（5）配料初加工：芥菜洗净后改刀切成块，姜去皮后切成菱形片。

准备原料（图示部分）　　　　　　制作鱼青　　　　　　主配料加工成型

制作鱼胶

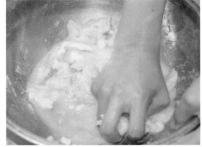
加入鸡蛋

制作鱼腐

鱼腐下锅

鱼腐熟制

鱼腐成品

熟制

（6）配料预处理：起锅烧水，水开后调入盐，放入芥菜块焯水。

（7）熟制：热锅凉油，加入姜片爆炒至香后加入鱼汤调味，烧开后放入鱼腐，煮至鱼腐吸满汤汁再加入芥菜块略煮片刻。

（8）装盘：将熟制好的鱼腐装入盘中即可。

制作要点

（1）制作鱼腐时要注意调料、鸡蛋和水的分量配比，根据实际情况灵活调整水的分量。

（2）鱼青中每次加水或者其他液体都要搅打至完全吸收才能再次加入液体，蛋液一定要分多次加入。

（3）制作的鱼腐要求顺滑、稀稠度合适且起胶。

（4）炸鱼腐时一定要用小火，火不可过大。

思 考 题

（1）鸡蛋在鱼腐的制作中起到什么作用？

（2）鱼腐在油锅中为什么会变大，出锅后为什么会"收缩"？

任务六 特色蒸鳜鱼

（1）了解菜肴"特色蒸鳜鱼"的成菜特点与发展历程，学习"平蒸法"的工艺特点。

（2）掌握鳜鱼原料处理的初加工与精加工工艺，菜肴"特色蒸鳜鱼"的制作工艺流程，并能够独立完成菜肴的制作。

（3）培养学生安全操作、注意卫生和规范操作的良好习惯，体验中国饮食的创造性，增强职业认同感。

特色蒸鳜鱼成品图

任务导入

清蒸海（河）鲜是广东十大名菜之一，换句话说清蒸海（河）鲜是广府菜。顺德的自梳女（俗称姑婆）是令人叹服、誉满中华的烹饪师傅。18世纪中叶以后，顺德的自梳女多与金兰姐妹租赁或合置物业。自梳女们凭着以往的经验和一双巧手，创造出不少可口美味的菜肴佳点，成为创制美食的主力军，并对广府菜产生深刻的影响。在到处是桑基鱼塘的顺德，自梳女们吃鱼较为方便，先淘米下水煮饭，然后到鱼塘网鱼，摘一片鲜荷叶，再回到屋中将荷叶与鱼处理干净，锅里的米煮成饭时将荷叶包鱼放在饭上面,盖上锅盖,待饭焗透,鱼也刚熟。再将荷叶包鱼拿出来,舍弃荷叶,将鱼置于碟上,加上生抽、熟油便烹成了荷香鱼。

特色蒸鳜鱼
制作视频

原　料

① **主配料**　活鳜鱼 1 条、干云耳 10 g、鲜百合 20 g、枸杞子 5 g。

② **料头**　姜 10 g、葱 10 g。

③ **调料**　盐 5 g、糖 3 g、味精 2 g、蒸鱼豉油 20 g、生粉 10 g、胡椒粉 1 g、油 20 g。

工艺流程

① **流程简图**

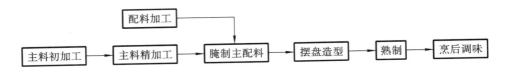

② **具体做法**

（1）主料初加工：将活鳜鱼宰杀后去除鱼鳞和鱼鳃,开膛后取出内脏并冲洗干净,取下两边鱼肉备用。

（2）主料精加工：鳜鱼骨斩成骨牌形,鳜鱼肉取下腹骨后斜刀切成厚约 0.5 cm 的鳜鱼片。

（3）配料加工：干云耳用水浸泡软,枸杞子用水浸泡软,鲜百合洗净后切去黑褐色部分再每片掰开。姜去皮后切成菱形片,葱洗净后切成葱段（长约 2 cm）。

（4）腌制主配料：鳜鱼片加入姜片,调入盐、糖、生粉和油拌匀腌味;鳜鱼骨加入姜片,调入盐、糖、生粉和油拌匀腌味;云耳和鲜百合瓣调入盐、糖、生粉和油拌匀腌味。

（5）摆盘造型：腌制好的鳜鱼骨整齐地排在碟子上,再平铺上腌制好的云耳和鲜百合瓣,然后摆上腌制好的鳜鱼片,最后撒上枸杞子等。

（6）熟制：将摆盘后的鳜鱼上炉蒸熟。

（7）烹后调味：在蒸熟后的鳜鱼上撒上葱段、淋上热油和蒸鱼豉油即可。

准备原料（图示部分）

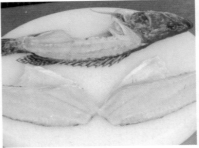

取鳜鱼肉

片鳜鱼肉

腌制鳜鱼片

腌制鳜鱼骨

摆盘造型

准备上炉熟制

制作要点

（1）取肉时要贴着鱼骨运刀，这样才能提高出料率。

（2）为了使鱼片成熟度一致，鱼片厚薄要均匀，鱼片要铺平。

（3）鱼片要用旺火熟制，时间要控制得当，过火则老。

思考题

（1）蒸鱼豉油在淋的时候为什么不淋在鱼上，而是碟中？

（2）腌制鱼片时为什么要给生油？

任务七　凤城鱼皮角

（1）了解菜肴"凤城鱼皮角"的成菜特点与发展历程，学习"汤浸法"的工艺特点。

（2）掌握"鱼面皮"的制作技巧，菜肴"凤城鱼皮角"的制作工艺流程，并能够独立完成菜肴的制作。

（3）培养学生安全操作、注意卫生和规范操作的良好习惯，体验中国饮食的"点为厨用"并将其融会贯通。

凤城鱼皮角成品图

任务导入

凤城鱼皮角亦称鱼皮饺，是驰名南粤的顺德小吃，其外形扁平且呈半圆角状。

传统的鱼皮饺用料讲究，制作精巧。选用鲜活的鲮鱼去皮，将脊肉制成鱼蓉，与高筋面粉、澄粉（即从面团中洗出来的纯淀粉（又称生粉））搓拌擀成饺皮，采用优质猪肉、鲜虾仁，配以韭黄、嫩竹笋粒、白芝麻等近十种高级配料和匀成馅，然后捏制而成。鱼皮饺的特点是洁白鲜嫩、香滑爽口、久煮不烂，吃起来既有鱼虾的鲜味，又有肉香味，干蒸、煎焗、煮汤都十分可口。当今，顺德鱼皮饺种类不少，其中，清晖鱼皮饺被认定为"中华名小吃"。鱼皮饺还远销广州、香港等地。广州南园酒家就将鱼皮饺作为特色菜之一，颇受食客青睐。香港冯不记的腊鸭膶（肝）鱼皮饺更

096

是名动香港。鱼皮饺还沿西江传至广西。鱼皮饺以其鲜爽的口味和优雅的造型赢得了台湾美食家的青睐。香港著名美食家蔡澜先生曾经率领一个旅行团来顺德访问，当他品尝了仙泉酒店的上汤鱼皮饺之后，连声赞叹。澳门凤城珠记面食专家"镇店三宝"之一，就是鱼皮饺。

原　料

❶ **主料**　带皮鲮鱼 500 g、猪肉蓉 100 g、鲜虾仁 50 g、马蹄 50 g、小棠菜 200 g。

❷ **料头**　干冬菇 10 g、姜 10 g、葱 10 g。

❸ **调料**　盐 8 g、糖 5 g、味精 5 g、蚝油 2 g、麻油 3 g、胡椒粉 2 g、粟粉 100 g、鱼汤 500 g 等。

工艺流程

❶ **流程简图**

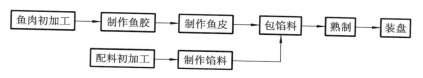

凤城鱼皮角
制作视频

❷ **具体做法**

（1）鱼肉初加工：鲮鱼肉洗净后晾干水分，用刀从尾部起刮出不带骨的鱼肉（俗称鱼青）。

（2）制作鱼胶：在鱼青中加入盐、糖、味精拌匀至调料溶化且鱼青上劲，再拌入生粉、胡椒粉和麻油后摔打至爽弹带劲。

（3）制作鱼皮：取鱼胶做成鱼丸（直径约 2 cm），拍上粟粉擀薄成圆鱼皮（直径约 5 cm）。

（4）配料初加工：鲜虾仁洗净后切成虾仁粒（约 1 cm 见方），马蹄去皮后切成马蹄粒（约 0.5 cm 见方），小棠菜洗净后改刀保留菜胆（菜中心的部分）。干冬菇泡软后切成冬菇粒，姜去皮后剁成姜蓉，葱洗净后切成葱花。

（5）制作馅料：猪肉蓉中调入盐、糖、味精、胡椒粉、生粉和麻油搅拌成肉胶，再放入虾仁粒、马蹄粒、冬菇粒和姜蓉拌匀。

取鱼肉

制作鱼青

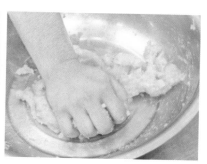

制作鱼胶

擀薄成圆鱼皮　　　　　　　　包馅料　　　　　　　　鱼皮饺成型

（6）包馅料：取圆鱼皮，放入拌好的馅料，包成半圆形，捏紧收口。

（7）熟制：起锅放入鱼汤烧开后放入包好的鱼皮饺煮 2 min，放入菜胆一并煮熟。

（8）装盘：将熟制好的鱼皮饺、菜胆和鱼汤装盘，撒上葱花即可。

制作要点

（1）刮鱼青时用力要均匀，刀面与砧板约成 4° 角，当刮不掉时，可以用刀背敲打后再刮，直至刮到鱼刺。

（2）下剂后要将剂子搓圆蘸少许干粉，压扁，然后上下用保鲜膜隔开，擀成圆鱼皮，这样可以避免粘连。圆鱼皮应形状自然，厚薄均匀。

（3）制作好的"饺皮"筋性较小，十分容易破，所以最好用保鲜膜垫在皮下进行包馅料操作。

思 考 题

（1）为什么虾仁粒、马蹄粒等原料在猪肉起胶后再放入？

（2）鱼汤要如何熬制？

任务八　家乡焗鱼肠

（1）了解菜肴"家乡焗鱼肠"的成菜特点与发展历程，学习"砂锅焗法"的工艺特点。

（2）掌握原料鱼肠的初加工处理，菜肴"家乡焗鱼肠"的制作工艺流程，并能够独立完成菜肴的制作。

（3）培养学生安全操作、注意卫生和规范操作的良好习惯，学习中国饮食文化中的"变废为宝"的精神。

家乡焗鱼肠成品图

任务导入

据不完全统计，顺德民间烹鱼肠方法已有焗、煎、炸、蒸、滚、浸等30多种。其中，焗鱼肠堪称经典。概括地说，焗鱼肠的技巧是先蒸后焗。据"顺德厨界老太公"蔡锦槐的秘诀，先把鱼肠段与蒜蓉、果皮蓉、胡椒粒（压碎）、姜蓉、酱油蒸至九成熟，才下鸡蛋浆同蒸至熟，让鱼肠段像条条禾虫半沉半浮，然后用小火焗至焦香。香港美食家蔡澜先生道出了其中的奥秘：最重要的窍门是将鱼肠拿到焗炉去焗一焗，焗完出来，真是香喷喷的，颜色金黄，非常好看。焗鱼肠不能用铁盘，因为铁盘传热太快，容易造成下焦而上不熟。陶钵为焗鱼肠的首选盛器。更有趣的是，受微火烘焙的鱼肠发出吱吱声响，用《美食家》作者陆文夫的话说："这响声是音乐，是一种引起食欲、振奋精神、增添兴味的音乐。"尝试之下，但觉甘香浓郁，口感似是吃焗禾虫而又不全是，妙在似与不似之间。"焗鱼肠"遂得了一个雅号——"赛禾虫"。

焗鱼肠传至广州，被评为"最具地方特色菜式"。在香港，焗鱼肠被作为早茶美点和佳肴，引进高级茶楼与酒家。《香港味道》一书中写道：焗鱼肠永远给人一种回归乡土的好感——其实从形式到内容，焗鱼肠都是精彩美妙的；鱼肠柔韧，鱼肝甘腴，油条香脆，鸡蛋嫩滑，果皮幽香，还有撒上胡椒粉的辛辣，热腾腾与小碗白米饭一同入口，油香满嘴真滋味。

原　　料

① **主配料**　草鱼肠 200 g、鸡蛋 3 个。

② **料头**　姜 5 g、陈皮 1 g、葱 5 g。

③ **调料**　盐 8 g、糖 3 g、白胡椒碎 2 g、料酒 3 g、麻油 5 g 等。

工艺流程

家乡焗鱼肠
制作视频

① **流程简图**

鱼肠初步处理　→　鱼肠段预处理　→　配料初加工　→　调制鸡蛋浆　→　熟制

② **具体做法**

（1）鱼肠初步处理：将鱼肠冲洗干净，用盐拌匀后，再次冲洗干净，改刀切成鱼肠段（长约 7 cm）。

（2）鱼肠段预处理：热锅凉油，放入处理好的鱼肠段煸炒至香。

（3）配料初加工：姜去皮后切成姜丝，陈皮泡软后切成陈皮丝，葱洗净后切成葱花。

（4）调制鸡蛋浆：在蛋液中加入盐、糖、味精、白胡椒碎和麻油调味，再加入姜丝、陈皮丝、葱花和预处理好的鱼肠段拌匀。

（5）熟制：烤炉上火 180 ℃、下火 150 ℃，将调制好的鸡蛋浆装盘放进烤炉中烤熟，取出即可。

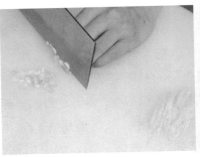

准备原料（图示部分）　　　　　加工配料　　　　　鱼肠段预处理

调味

在调制好的鸡蛋浆中加入鱼肠段

装盘熟制

制作要点

（1）选用有一定深度的容器盛装，这样焗出来的蛋才不会因为太薄而变焦干，而是表面变得金黄香脆，内里水嫩无比。

（2）鱼肠最好选用细一些的鱼肠，一定要洗干净，除去鱼腥味。

思 考 题

（1）如何清洗鱼肠？

（2）鱼肠提前煸炒的作用是什么？

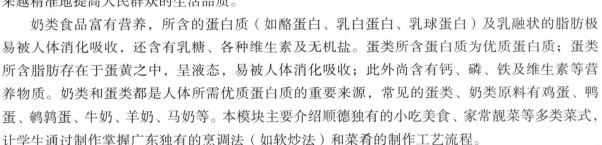

模块六

奶蛋篇

扫码看课件

模块导学

党的二十大强调：我们要增强问题意识，聚焦实践遇到的新问题，不断提出真正解决问题的新理念新思路新办法。饮食从传承到创新，在正视问题的自觉中不断发现新方法，让食物越来越精准地提高人民群众的生活品质。

奶类食品富有营养，所含的蛋白质（如酪蛋白、乳白蛋白、乳球蛋白）及乳融状的脂肪极易被人体消化吸收，还含有乳糖、各种维生素及无机盐。蛋类所含蛋白质为优质蛋白质；蛋类所含脂肪存在于蛋黄之中，呈液态，易被人体消化吸收；此外尚含有钙、磷、铁及维生素等营养物质。奶类和蛋类都是人体所需优质蛋白质的重要来源，常见的蛋类、奶类原料有鸡蛋、鸭蛋、鹌鹑蛋、牛奶、羊奶、马奶等。本模块主要介绍顺德独有的小吃美食、家常靓菜等多类菜式，让学生通过制作掌握广东独有的烹调法（如软炒法）和菜肴的制作工艺流程。

模块目标

知识教学目标：通过对本模块的学习，了解顺德菜中以奶蛋类为主料的菜肴成菜特点、发展历程与相关的烹调方法。

能力培养目标：能够按照任务要求独立制作任务中的菜肴，并掌握奶蛋类菜肴制作时的火候。

职业情感目标：让学生养成遵守规程、安全操作、注重整洁卫生的良好习惯，从奶蛋类菜肴的制作，感受中国烹饪使用简单原料制作出口感丰富、独具特色的菜肴的神奇，增加职业自豪感与认同感。

任务一　香煎芙蓉蛋

学习目标

（1）了解菜肴"香煎芙蓉蛋"的成菜特点与发展历程，学习"蛋煎法"的工艺特点。

（2）掌握菜肴"香煎芙蓉蛋"的制作工艺流程，并能够独立完成菜肴的制作。

（3）培养学生安全操作、注意卫生和规范操作的良好习惯。

香煎芙蓉蛋成品图

任务导入

　　芙蓉蛋是广东的地方传统名菜之一，属于广州筵席菜。此菜为传统风味，冬夏皆宜食用，色泽金黄，外焦香，内松软，笋爽脆，下酒下饭皆可。用蛋液与叉烧肉、笋丝、香菇、调料等拌匀煎制而成。此菜呈块状，两面金黄，各种配料裹藏于蛋块之中，互相交错，外层嫩滑，蛋香浓郁。用汤勺舀着吃，微酸回香，软绵鲜嫩。蛋已下肚，但肉丁尚可嚼，肉味和着蛋香，口感独具一格。

原　料

① **主配料**　水发木耳 20 g、洋葱 20 g、丝瓜 15 g、胡萝卜 15 g、鸡蛋 4 个。

② **调料**　盐 5 g、糖 3 g、味精 2 g、湿生粉 10 g、胡椒粉少许、麻油少许。

工艺流程

① **流程简图**

香煎芙蓉蛋
制作视频

② **具体做法**

（1）加工主配料：将丝瓜、胡萝卜、水发木耳、洋葱切成丝。

（2）主配料的预处理：木耳丝、丝瓜丝、胡萝卜丝进行焯水处理后吸干多余的水分。

（3）调制蛋浆：在蛋液中加入盐、糖、味精、胡椒粉和麻油调味。

（4）炒蛋：取 1/2 左右蛋浆，炒至凝固，再与其他配料一起放入蛋浆中拌匀。

（5）熟制：热锅凉油，倒入调制好的蛋浆平铺摊开成圆饼形，用中火煎至两面金黄略焦即可。

（6）装盘：将煎好的芙蓉蛋切成蛋角装盘。

准备原料（图示部分）

刀工处理

调制蛋浆

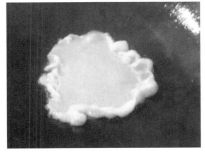

取部分蛋浆炒熟

将蛋浆加入原料中拌匀

熟制

成品切块

装盘

制作要点

（1）主配料的切配刀工要运用娴熟，做到大小一致、粗细均匀，以便主配料更好地成熟。

（2）调配鸡蛋浆时蛋液和主配料的比例要恰当。

（3）熟练控制熟制时的火候，以使鸡蛋浆受热均匀。

思 考 题

（1）为什么在制作时要先将部分蛋液炒过后再倒回蛋液进行煎制？

（2）"蛋煎法"制作菜肴的成菜特点有哪些？

任务二 三色蒸水蛋

学习目标

（1）了解菜肴"三色蒸水蛋"的成菜特点与发展历程，学习"平蒸法"的工艺特点。

（2）掌握菜肴"三色蒸水蛋"的制作工艺流程，并能够独立完成菜肴的制作。

（3）培养学生安全操作、注意卫生和规范操作的良好习惯。

三色蒸水蛋成品图

任务导入

三色蒸水蛋是一种家常菜。三色蒸水蛋采用鸡蛋、皮蛋和咸鸭蛋三种食材蒸制而成。众所周知，鸡蛋营养丰富，几乎含有人体所需的所有营养物质，而南方人一般将松花蛋称为皮蛋，以溏心皮蛋为上佳。而咸鸭蛋则以鲜、细、嫩、松、沙、油六大标准来衡量，皮蛋与咸鸭蛋可视为风味食物，但由于经过腌制，不宜多吃。

原　料

❶ **主配料**　鸡蛋 4 个、咸鸭蛋 1 个、皮蛋 1 个、葱 1 根。

❷ **调料**　盐 7 g、糖 3 g、味精 2 g、酱油 5 g、花生油 3 g、胡椒粉少许、麻油少许等。

三色蒸水蛋
制作视频

工艺流程

❶ **流程简图**

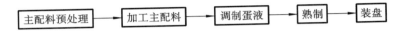

主配料预处理 → 加工主配料 → 调制蛋液 → 熟制 → 装盘

❷ **具体做法**

（1）主配料预处理：咸鸭蛋和皮蛋加热至熟，剥去蛋壳。

（2）加工主配料：将熟后的咸鸭蛋（半个）和皮蛋（半个）各切成 4 瓣蛋角，葱洗净后切成葱花。

（3）调制蛋液：蛋液打匀后加入盐、糖、味精、胡椒粉和麻油调味，再调入同等比例的温开水。

（4）熟制：将调制好的蛋液倒入盘中，将咸鸭蛋角和皮蛋角平摆在盘的中央，用保鲜膜将盘子裹严便可上炉蒸熟。

（5）装盘：在蒸熟的三色蒸水蛋中淋上酱油和花生油，再撒上葱花。

准备原料（图示部分）

刀工处理

初加工后的原料

在蛋液中加入适当比例的温开水

将调制好的蛋液倒入盘中

加入切配好的蛋角蒸制

Note

108

制作要点

（1）调制蛋液的蛋与温水的比例为 1 ：1.8，以 60 ～ 70 ℃的水温为宜。

（2）熟制时蒸汽量不宜过大，以中小火为宜。

思 考 题

（1）为什么在调制蛋液时要加入温开水？

（2）在猛火、中小火、小火中，适用于蒸蛋的火力是哪种？

任务三　大良炒牛奶

学习目标

（1）了解菜肴"大良炒牛奶"的成菜特点与发展历程，学习"软炒法"的工艺特点。

（2）掌握菜肴"大良炒牛奶"的制作工艺流程，并能够独立完成菜肴的制作。

（3）培养学生安全操作、注意卫生和规范操作的良好习惯。

大良炒牛奶成品图

任务导入

大良炒牛奶是广东顺德地区的传统名菜，具有上百年的历史，是粤菜中的重要代表。

这道菜最早起源于广东顺德大良，主要由鲜奶、鸡蛋清和淀粉（又称生粉）等原料精制而成，口味独特，深受食客青睐。大良炒牛奶的制作过程讲究技巧，包括火候的控制、材料的准备等，需要厨师具备一定的烹饪技艺才能完成。这道菜不仅在广东地区广受欢迎，其独特的制作工艺和口感使其在国际上也享有盛誉，多次在烹饪比赛中获奖，成为中国烹饪软炒法的经典之作。

大良炒牛奶的文化意义不仅体现在其独特的烹饪技艺上，还反映出广东顺德地区饮食文化的特色。顺德被誉为"鱼米之乡"，当地人民擅长将食品精制巧做，大良炒牛奶便是其中的杰出代表。此外，顺德厨师们还对大良炒牛奶进行了多种创新和改良，如加入小青龙虾提升鲜味，或者将其与其他食材结合，创造出新的菜肴，如雪蛤炒牛奶、凤城炒牛奶盏等，这些创新不仅保留了原菜的风味，还增加了菜肴的多样性和观赏性。

大良炒牛奶的成功不仅在于其美味的口感和精致的制作工艺，还在于它所蕴含的文化价值。这道菜不仅是广东顺德饮食文化的一部分，也是中国烹饪艺术的重要组成部分，体现了粤菜师傅的精湛技艺和对美食的热爱与追求。通过不断的创新和发展，大良炒牛奶已经成为连接广东顺德与世界的重要文化桥梁，已让更多的人了解和欣赏到中国粤菜的魅力。

原 料

❶ **主配料** 水牛奶 250 g、鸡蛋 4 个、虾仁 50 g、鸡肝 30 g、炸榄仁少许、火腿粒少许。

❷ **调料** 盐 5 g、糖 3 g、味精 2 g、粟粉 50 g。

工艺流程

大良炒牛奶
制作视频

❶ **流程简图**

配料初步加工 → 牛奶调兑 → 熟制 → 装盘

❷ **具体做法**

（1）配料初步加工：鸡肝用热水浸熟后切成鸡肝粒，虾仁切成虾仁粒后加入少许盐和生粉拌匀。将鸡肝粒和虾仁粒泡入油中至熟后捞出备用。

（2）牛奶调兑：牛奶温热后放入盐、糖、味精调味，打入鸡蛋清，再拌入粟粉和匀。

（3）熟制：热锅凉油，放入调匀的牛奶，转中小火用锅铲边推铲边加油，炒至半凝固时再放入油泡后的鸡肝粒和虾仁粒炒匀即可。

（4）装盘：将炒熟后的牛奶放入盘中堆叠成山形，再撒上炸榄仁和火腿粒。

炒牛奶所需部分原料

按比例称量原料

将牛奶加入粉状原料中和匀

加入打散的鸡蛋清

下锅

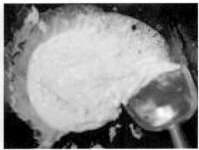

小火软炒

装盘

制作要点

（1）要熟练掌握牛奶的调兑比例。

（2）熟制时要把控好火候，火候太大、太小都不可取。

（3）炒制的手法要娴熟，不宜过慢。

（4）要掌握好炒牛奶的成熟度。

思考题

（1）炒牛奶中牛奶凝固的原理是什么？

（2）用"软炒法"炒牛奶时要注意哪些要点？

（3）"大良炒牛奶"的成菜特点有哪些？

任务四　大良炸牛奶

（1）了解菜肴"大良炸牛奶"的成菜特点与发展历程，学习"脆浆炸法"的工艺特点。

（2）掌握菜肴"大良炸牛奶"的制作工艺流程与脆浆的调配工艺，并能够独立完成菜肴的制作。

（3）培养学生安全操作、注意卫生和规范操作的良好习惯。

大良炸牛奶成品图

任务导入

大良炸牛奶诞生于20世纪70年代中后期，由厨、点俱精的乐从名厨刘伟师傅从"大良炒牛奶"和"脆皮马蹄糕"中得到启发创作而成。他想，牛奶可以炒，那是否也可用于炸呢？炸牛奶不是更香吗？马蹄糕蒸熟搁凉上浆可以炸脆，牛奶应该也可以油炸。于是刘师傅做起了实验，最后成功了！炸牛奶诞生了！ 1979年，一次会议用餐时刘师傅把这道创新菜送上了餐桌。与会者尝后觉得新颖、可口，炸牛奶经众口相传不胫而走。因为灵感来自大良炒牛奶，主料水牛奶

113

产自大良，这道菜遂称为大良炸牛奶。

大良炸牛奶问世后大受欢迎，很快就成了顺德风味名菜，出现在大小宴会上。它与野鸡卷一甜一咸的搭配，构成了顺德菜拼盘的最佳组合。2008年顺德万人龙舟宴上就有野鸡卷拼炸牛奶一菜。

原　料

大良炸牛奶
制作视频

❶ **主配料**　水牛奶 500 g、鸡蛋 1 个。

❷ **调料**　糖 100 g、粟粉 100 g、面粉 500 g、粘米粉 150 g、吉士粉 100 g、发粉 60 g、椰浆少许、黄油少许等。

工艺流程

❶ **流程简图**

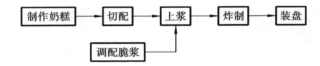

❷ **具体做法**

（1）制作奶糕：将牛奶、糖、粟粉、椰浆和黄油和匀后下锅，小火推至成糊且熟透，即可倒入浅盘中摊平，然后放进冰箱中，待凝固。

（2）切配：将凝固后的牛奶取出，用刀切成（长约 4 cm，粗约 1 cm）长条状备用。

（3）调配脆浆：鸡蛋、面粉、粘米粉、吉士粉、发粉加入 600 g 水中，将所有材料搅拌和匀后滤去颗粒。

（4）上浆：将奶糕条表面裹上干生粉后沾上调配好的脆浆。

（5）炸制：将沾上脆浆后的奶糕条均匀地放入温度约 150℃的油中，炸至金黄色且酥脆即可捞出。

（6）装盘：用剪刀修整后便可装盘。

准备原料（图示部分）

勾兑

加入椰浆

小火慢推至成糊

倒入浅盘中摊平

冷却凝固后切成长条状裹上干生粉

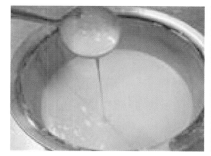
调配脆浆

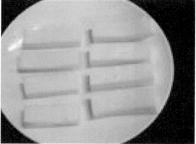
裹粉后的奶糕条沾上脆浆

下锅油炸

制作要点

（1）炸制奶糕条时要用小火且在锅中用手勺不停地推动或转动以防焦煳。

（2）熟练掌握脆浆的调配，脆浆要根据具体天气温度和湿度来控制发粉和水的分量。

（3）熟练掌握好炸牛奶的油温。

思考题

（1）炸牛奶中牛奶凝固的原理是什么？

（2）脆浆如何制作？

（3）"大良炸牛奶"的成菜特点有哪些？

任务五　锅贴牛奶

（1）了解菜肴"锅贴牛奶"的成菜特点与发展历程，学习"半煎炸法"的工艺特点。

（2）掌握菜肴"锅贴牛奶"的制作工艺流程与奶糕的调配工艺，并能够独立完成菜肴的制作。

（3）培养学生安全操作、注意卫生和规范操作的良好习惯。

锅贴牛奶成品图

任务导入

在20世纪80年代末，随着人民生活水平的提高，吃得清淡、吃得精美逐渐成为顺德的一种饮食新时尚。身处烹饪第一线的康海师傅在做顺德传统名菜炒牛奶和炸牛奶时，已经敏锐地感到这两款菜品稍腻口，食客已经流露出想品尝新式奶品菜的愿望。这时，多种形式的锅贴菜品以美观的造型、多样的口感、中西结合的方式，像强大的磁极一样吸引着康海的注意力。从

116

香港考察新派粤菜归来的他，从西点"吐司"的制作中受到了启迪。长期的思考终于幻化为一道灵光，在康海师傅的脑海中闪现：用锅贴的方式烹制奶品菜！

锅贴牛奶一经面世，便立刻风靡顺德食坛，珠江三角洲各地和港澳的食家闻香而至，有的人面对金镶玉砌的珍品竟油然而生怜香惜玉之情，久久不忍下箸。一些食客对锅贴牛奶一见钟情，群起学制。一书中写道：顺德厨师"擅长烹制奶制品，创制了炒牛奶、双皮奶、炸牛奶、锅贴奶等，他们烹制的奶品菜，已成为中餐烹调技法的代表菜而列入教材"。这一高度评价包含了对康海师傅等所做贡献的褒扬。

原 料

❶ **主配料** 水牛奶 500 g、面包（咸方包）1 条、鸡蛋 1 个、芫荽 2 根、午餐肉少许。

❷ **调料** 糖 100 g、粟粉 100 g、生粉 30 g、椰浆少许、黄油少许等。

工艺流程

锅贴牛奶
制作视频

❶ **流程简图**

制作奶糕 → 晾凉切块 → 造型 → 熟制 → 装盘

❷ **具体做法**

（1）制作奶糕：将牛奶、糖、粟粉、椰浆和黄油和匀后下锅，小火推至成糊且熟透，即可倒入浅盘中摊平，然后放进冰箱中，待凝固。

（2）晾凉切块：将凝固后的牛奶取出用刀切成（长约 5 cm、宽约 3 cm、厚约 0.5 cm）奶糕块，面包切成块状（长约 5 cm、宽约 3 cm、厚约 0.5 cm）备用，午餐肉切成菱形片。

（3）造型：将奶糕块一面沾上蛋白稀浆（鸡蛋清 1 个、生粉 30 g 搅拌和匀）再贴上一块面包块，然后在奶糕块另一面贴上午餐肉片和芫荽叶。

（4）熟制：将已造型好的锅贴牛奶放在炸篱上排紧，放入 130℃的油中将面包块的一面炸至金黄且松脆。

（5）装盘：吸取熟制后的锅贴牛奶上多余的油分后即可装盘。

准备原料（图示部分）

对面包进行刀工处理

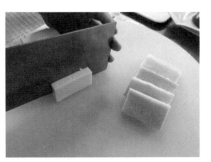

对奶糕进行刀工处理

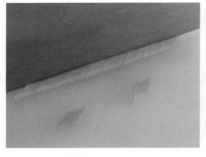
午餐肉切成菱形片

原料装贴

下锅浸炸

装盘

制作要点

（1）制作奶糕时要用小火且放入炸篱上用手不停地推动或转动以防焦煳。

（2）熟练掌握好炸锅贴牛奶时的油温，若油温过高，面包便会焦黑，过低面包则会吸取大量的油分。

思 考 题

（1）"半煎炸法"相较于其他炸法的优势是什么？

（2）"锅贴牛奶"的成菜特点有哪些？

模块七

素菜篇

扫码看课件

模块导学

　　本模块匠心独运，主打以植物性原料为核心的菜肴，彰显食材本真之美。部分菜品巧妙融入动物性原料作为调料或配料，如咸鱼、瑶柱等，旨在提升风味层次，使素菜也能呈现出令人惊艳的口感与香气。顺德菜在此方面尤为擅长，其以植物性原料为主料的菜肴，不仅保留了食材的自然鲜甜，还融入了顺德人独特的烹饪智慧与创意，展现出别具一格的风味特色。这些菜肴不仅能满足我们味蕾的需求，更是顺德饮食文化精髓的体现，让人在品尝中感受到食材与文化的完美融合。

模块目标

　　知识教学目标：通过对本模块的学习，了解素菜的发展历程与成菜特点，对常见的素菜原料的处理方式、烹调法等有一定了解。

　　能力培养目标：掌握本模块菜肴制作工艺流程，并能够独立制作菜肴。

　　职业情感目标：让学生养成遵守规程、安全操作、注重整洁卫生的良好习惯，在素菜菜肴的制作中，品悟中国从古到今的健康、简朴、自然的饮食观念。

任务一　雪衣上素

学习目标

（1）了解菜肴"雪衣上素"的成菜特点与发展历程，学习"半煎炸法"的工艺特点。

（2）掌握菜肴"雪衣上素"的制作工艺流程与蛋皮的调配工艺，并能够独立完成菜肴的制作。

（3）培养学生安全操作、注意卫生和规范操作的良好习惯。

雪衣上素成品图

任务导入

　　雪衣上素是仙泉酒店在1998年顺德美食大赛中的参赛作品。所用的材料如下：鸡蛋清、韭黄、假蟹黄、鲜金针菇、冬菇丝、笋丝、甘笋（俗称金笋，即胡萝卜）丝、木耳丝、西芹丝、榆耳、竹笙、西蓝花等。先将鸡蛋清用锅煎成薄片待用，再将鲜金针菇、冬菇丝、笋丝、甘笋丝、木耳丝等素料用沸水焯过，再倒起晾干水分后倒入锅中，调味炒匀。接着用煎好的蛋皮包成石榴果状，用韭黄扎口，上面放上假蟹黄，再将其摆放整齐，放入蒸柜蒸约3 min。然后以炒好的西蓝花做芯，再勾芡浇上即成。由于内馅采用爽口的材料，外面的蛋皮色泽清雅，成菜显得特别精致，口感爽滑，

120

被大赛评委评为十大金牌名菜之一。

原　料

❶ **主配料**　金针菇 80 g、榆耳 20 g、云耳 30 g、银耳 20 g、胡萝卜 50 g、韭黄 30 g、西蓝花 100 g、鸡蛋清 500 g。

❷ **料头**　姜末 3 g。

❸ **调料**　盐 5 g、糖 3 g、味精 1 g、上汤 200 g、生粉适量。

工艺流程

雪衣上素
制作视频

❶ **流程简图**

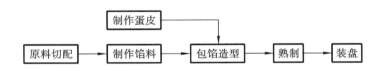

❷ **具体做法**

（1）原料切配：先将榆耳、云耳、银耳用水浸泡涨发回软，榆耳切成榆耳丝，云耳切成云耳丝，银耳切成银耳丝，金针菇洗净后切成（长约 3 cm）金针菇段，胡萝卜去皮后切成胡萝卜丝，西蓝花改刀切成西蓝花块，姜去皮剁成姜蓉。

（2）制作馅料：起锅加入水，待水烧开放入榆耳丝、云耳丝、银耳丝、金针菇段和胡萝卜丝焯水，另起锅放入姜蓉炒香后加入焯水后的榆耳丝、云耳丝、银耳丝、金针菇段和胡萝卜丝炒匀，再加入上汤，随后放入盐、糖和味精调味，滚煨片刻后打芡，盛出备用。

（3）制作蛋皮：鸡蛋清中加入湿生粉搅匀，用平底不粘锅将蛋液煎成蛋皮。

（4）包馅造型：在蛋皮中包入炒好的馅料，用韭黄绑紧剪去收口处多余的蛋皮和韭黄，成石榴果状。

（5）熟制：将包好馅料的蛋皮上炉蒸 10 min。

（6）装盘：将熟制好的包好馅料的蛋皮摆盘，放入焯水后的西蓝花块点缀造型，最后淋上调好的"玻璃"芡即可。

准备原料（图示部分）

刀工处理

初加工好的馅料

煎制蛋皮

包馅

扎口

熟制好的包好馅料的蛋皮装盘成菜

制作要点

（1）制作蛋皮时锅中油不宜太多，否则蛋液宜出现皱褶。要控制好锅的温度，若锅太热，蛋皮太厚易焦煳；若锅温度太低，蛋皮不易成形。

（2）在包制"石榴果"时要注意大小相等，扎口时要先用手把口收紧再系上韭黄。

思考题

（1）本次学习的菜肴"雪衣上素"还可以进行怎样的改进呢？

（2）"雪衣上素"的成菜特点有哪些？

任务二　咸鱼茄瓜煲

学习目标

（1）了解菜肴"咸鱼茄瓜煲"的成菜特点。

（2）掌握菜肴"咸鱼茄瓜煲"的制作工艺流程，并能够独立完成菜肴的制作。

（3）培养学生安全操作、注意卫生和规范操作的良好习惯。

咸鱼茄瓜煲成品图

任务导入

　　用茄子做的菜肴，最有名气的恐怕非广东茄子煲莫属。"宁可食无肉，不可日无煲。"足见广东人对煲的青睐和钟爱。咸鱼茄瓜煲是以咸鱼为配料的茄子煲，其味独特，茄子吸收咸鱼的香味，软软糯糯，回味悠长，是很受广东人欢迎的一种菜式。

123

原　料

① **主配料**　茄子 300 g、马鲛咸鱼肉 30 g、瘦肉 50 g。

② **料头**　姜 5 g、蒜 5 g、葱 3 g。

③ **调料**　盐 1 g、糖 3 g、味精 1 g、蚝油 10 g、豆瓣酱 5 g、料酒 5 g、生粉 15 g 等。

咸鱼茄瓜煲
制作视频

工艺流程

① **流程简图**

② **具体做法**

（1）原料切配：将茄子去皮后切成（长约 7 cm）茄子段，再改刀切成茄子条；咸鱼肉冲洗干净后切成（约 0.5 cm 见方）咸鱼粒；瘦肉洗净后切成（约 0.5 cm 见方）瘦肉粒；姜去皮后切成姜蓉，蒜去皮后切成蒜蓉，葱洗净后切成葱花。

（2）主配料初步熟处理：锅中加入油，将油烧热至 180 ℃，放入切好的茄子条炸至黄褐色即可捞出，另起锅把咸鱼粒下锅炒香即可倒出。

（3）熟制：热锅凉油，放入姜蓉和蒜蓉炒香后加入瘦肉粒和初步处理后的咸鱼粒炒香，再加入豆瓣酱和茄子条翻炒，加入适量的清水焖煮，煮沸后即可调入盐、糖、味精和蚝油，煮至茄子条软滑后即可调入湿生粉打芡。

（4）装盘：将做好的咸鱼茄瓜煲装进烧热的瓦煲中撒上葱花即可。

准备原料（图示部分）

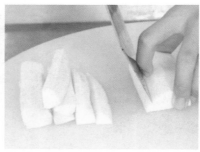

刀工处理

初加工后的原料

炸茄子条

煸炒姜蓉与蒜蓉等

焖煮

装盘

制作要点

（1）为了防止茄子变黑，茄子段切好后需要泡水。

（2）盐要适量添加，因为咸鱼本身很咸，添加少许盐即可。

（3）炸茄子条时，要高油温出锅，否则茄子含油量较大。

思 考 题

（1）为什么茄子条在熟制前要先炸？

（2）"咸鱼茄瓜煲"的成菜特点有哪些？

任务三　桂花炒瑶柱

学习目标

（1）了解菜肴"桂花炒瑶柱"的成菜特点与发展历程。

（2）掌握菜肴"桂花炒瑶柱"的制作工艺流程，并能够独立完成菜肴的制作。

（3）培养学生安全操作、注意卫生和规范操作的良好习惯，由蛋黄制成的"桂花"，瑶柱代替鱼翅，风味只增不减，可见厨师对菜肴改进的灵思巧作，值得同学们学习。

桂花炒瑶柱成品图

任务导入

顺德新潮名菜桂花炒瑶柱是从传统的桂花炒鱼翅改良而成的。"桂花"是指蛋黄。将蛋黄以小火炒至将老而未老，蛋粒细小而松散，炒散的蛋黄犹如朵朵桂花掉落在餐盘上，令人眼前一亮，浓郁的香味也随之扑鼻而来。入口细尝，粉丝中带有瑶柱的鲜味，格外可口；瑶柱带有海产品特有的浓郁滋味，香气四溢。

曾经有食客将桂花炒瑶柱当作"炒桂花翅"且执意要点此道菜。可见此道菜能做出"炒桂花翅"

126

的味道，这是何等不简单。此道菜在原料中加入了豆芽、粉丝、鸡蛋、瑶柱等，炒时水分被控制得很好。瑶柱、粉丝和其他配料混合在一起，口感层次丰富，是一道很好的下酒菜。

原　料

❶ **主配料**　干瑶柱 50 g、鸡蛋 2 个、豆芽 300 g、水发粉丝 50 g、芫荽 10 g、辣椒 5 g。

❷ **调料**　盐 4 g、糖 2 g、鸡精 3 g 等。

工艺流程

桂花炒瑶柱
制作视频

❶ **流程简图**

涨发瑶柱 → 原料切配 → 主配料预处理 → 熟制 → 装盘

❷ **具体做法**

（1）涨发瑶柱：将瑶柱泡在水中，放入少许姜片和葱，然后放入蒸柜中蒸 20 min 取出，压碎成瑶柱丝备用。

（2）原料切配：水发粉丝切成（长约 4 cm）粉丝段，芫荽摘去叶子，将芫荽梗切成芫荽段（长约 4 cm），辣椒切成辣椒丝（长约 4 cm）。

（3）主配料预处理：将 2/3 的瑶柱丝煸炒至干爽，再将剩余 1/3 的瑶柱丝以小火炸至金黄色备用。起锅放入豆芽，以大火翻炒至七成熟后倒出备用。

准备原料（图示部分）

刀工处理

初加工后的原料

煸炒豆芽

将鸡蛋炒碎成"桂花"状

猛火快炒

（4）熟制：热锅凉油，放入鸡蛋快速炒碎成"桂花"状，再加入瑶柱丝、粉丝段、芫荽段、辣椒丝和预处理后的豆芽，大火炒香，调入盐、糖和鸡精炒匀。

（5）装盘：将炒好的桂花炒瑶柱盛上盘，撒上炸至金黄的瑶柱丝即可。

制作要点

（1）瑶柱蒸好后，要用中小火炒干。

（2）用猛火煸炒豆芽，防止原料出水。

（3）菜肴炒制时要用猛火快速翻炒。

（4）粤菜小炒注重锅气，大火快炒可令原料释放出香气。

思 考 题

（1）蛋黄变成"桂花"的原理是什么？

（2）"桂花炒瑶柱"的成菜特点有哪些？

（3）厨师在保持菜肴原有特点与风味的基础上，将"炒桂花翅"中的鱼翅替换成了瑶柱，体现出对生态的保护与人道主义精神。作为新时代的青年厨师，我们还可以怎么做？

任务四 凤城酿节瓜

（1）了解菜肴"凤城酿节瓜"的成菜特点，学习鱼胶肉胶混合馅心的制作方法。

（2）掌握菜肴"凤城酿节瓜"的制作工艺流程与打荷岗位所需"酿"的技艺，并能够独立完成菜肴的制作。

（3）培养学生安全操作、注意卫生和规范操作的良好习惯，培养勇于担当和为"乡村振兴"助力的意识。

凤城酿节瓜成品图

任务导入

凤城酿节瓜是以黑毛节瓜为主料烹制而成的一道顺德传统名菜。顺德人选用的是初出的黑毛节瓜，其标志是还带一朵刚凋谢之花。将黑毛节瓜刮皮切段，去瓤，酿入新鲜猪肉蓉等原料，拉油后焖烩勾芡。此菜清甜绵软，甘香味鲜。凤城酿节瓜传至香港，被改良为原个酿制煲软，跟刀叉上桌，让食客边切边吃，别具雅趣。

129

原　料

① **主配料**　黑毛节瓜 2 个（重约 750 g）、鲮鱼肉 150 g、五花肉 50 g、水发冬菇、虾米 5 g、水发鱿鱼 10 g。

② **料头**　姜 5 g、葱 5 g、芫荽叶 2 g。

③ **调料**　盐 10 g、糖 8 g、味精 4 g、蚝油 10 g、上汤 500 g、生粉 20 g、麻油 2 g、胡椒粉 1 g 等。

黑毛节瓜

凤城酿节瓜
制作视频

工艺流程

① **流程简图**

② **具体做法**

（1）原料切配：将黑毛节瓜刮净表皮，横切成（厚约 2 cm）节瓜块，再挖去瓜瓤做成节瓜环；水发冬菇切成冬菇粒，虾米切成虾米粒，水发鱿鱼切成鱿鱼粒，姜去皮后切成姜片，葱洗净后切成葱花。

（2）节瓜初步处理：起锅加水，待水烧开后放入节瓜环焯水。

（3）制作肉胶：鲮鱼肉和五花肉洗净后晾干水分，再剁成鲮鱼蓉和猪肉蓉，在鲮鱼蓉和猪肉蓉中加入盐、糖、味精拌匀至调料溶化且猪肉蓉上劲，再拌入生粉、胡椒粉和麻油后摔打至爽弹带劲。

（4）酿入馅料：在初步处理的节瓜环上涂上干生粉，再将肉胶酿进节瓜环中。

（5）熟制：热锅凉油，放入酿好的节瓜环，将节瓜环煎至两面金黄倒出盛在盘中，加入上汤，上炉蒸 15 min，取出倒出原汤调入蚝油、盐和糖，然后勾芡。

（6）装盘：把蒸好的酿节瓜环排放碟上，淋上汤芡即可。

准备原料（图示部分）

节瓜去皮

初加工后的原料

Note

节瓜环焯水后涂抹干生粉

调配馅料

肉胶酿入节瓜环中

煎制酿好的节瓜环

煎好后蒸制

淋上汤芡

制作要点

（1）不要在高温的环境中制作肉胶，肉胶要摔打上劲才更有弹性。

（2）节瓜环内壁要涂干生粉，否则拉油后容易出现肉瓜分离的现象。

思考题

（1）鱼蓉起胶的原理是什么？

（2）"凤城酿节瓜"的成菜特点有哪些？

（3）黑毛节瓜是顺德的特色原料，作为新时代的青年厨师，有义务和有必要为家乡的农（副）产品发展出力，助力"乡村振兴"。请问，还有哪些顺德特色原料可以制作菜肴？

模块八
产教融合篇

扫码看课件

模块导学

党的二十大指出："坚持为党育人、为国育才，全面提高人才自主培养质量。"根据《国务院办公厅关于深化产教融合的若干意见》（国办发〔2017〕95号）等文件要求，学校以产教融合为核心，以校企合作为重要抓手，着力培养职业教育高素质应用型人才。

校企合作是学校与企业建立的一种合作模式，通过将企业大师引进学校进行课堂教学或者让学生去产训中心进行实训等方式，让学生接受实际生产岗位上师傅的手把手教学，学习顺德传统菜肴的制作，学习顺德菜肴制作的生产工艺流程、生产设备操作方式，获得实际社会生产经验。本模块菜肴主要针对顺德本地餐饮企业常见菜肴进行教学，包含顺德本地特色菜肴，无论是从烹调法，还是从制作工艺流程来看都更加具有各自菜肴来源企业的特色，旨在开阔学生视野，加深学生对菜肴制作的理解，使学生掌握传统烹调技法优化后的新技法。

模块目标

知识教学目标：通过本模块的教学，了解相关菜肴的发展历程与成菜特点，学习餐饮企业厨房的工作流程与管理模式。

能力培养目标：能够按照企业出品要求对原料进切配、腌制、初步熟处理等烹制前的预制工作，并能独立制作任务中的菜肴。

职业情感目标：让学生养成遵守规程、安全操作、注重整洁卫生的良好习惯，能够按照企业操作要求要求自己，增加学生的职业认同感与自豪感。

任务一　顺德拆鱼羹

学习目标

（1）了解菜肴"顺德拆鱼羹"的成菜特点与发展历程，学习"烩法"的工艺特点。

（2）能够熬制鱼汤，掌握菜肴"顺德拆鱼羹"的制作工艺流程，并能够独立完成菜肴的制作。

（3）培养学生安全操作、注意卫生和规范操作的良好习惯，能够耐心、精细地完成菜肴制作。

加入葱花、榄仁、菊花后的顺德拆鱼羹成品图

任务导入

桑基鱼塘的地理优势为顺德带来了丰富的河鲜资源，并形成了丰富多彩的鱼菜饮食文化。在历届的顺德名菜评选活动中，由鱼类制作而成的菜肴占据了半壁江山，顺德拆鱼羹就是其中的名菜之一。顺德拆鱼羹具有上百年历史，将顺德美食的"考究、细腻、婉约"展示得淋漓尽致。

这道拆鱼羹，需要多项复杂的工序才可以制作完成。其选用的食材鲈鱼（一般多选用大头鱼、草鱼），是南方名贵的淡水鱼，味道极为鲜美，是鱼中佳品。鲈鱼四时都有，尤以冬季产者为佳，古有宋嫂鱼羹，今有顺德拆鱼羹，两菜交相辉映，有异曲同工之妙。

原　料

❶ **主配料**　鲈鱼一条（约 750 g）、竹笙 50 g、丝瓜（又称胜瓜）1 条（约 1000 g）、胡萝卜 1 根（约 200 g）、木耳 100 g、冬菇 50 g、马蹄 30 g、柠檬叶 5 片、食用菊花 1 朵、龙口粉丝 100 g 等。

❷ **调料**　胡椒粉 3 g、盐 20 g、鸡粉 10 g、白糖 30 g、生粉 20 g、红米酒 10 g、花生油 250 g 等。

工艺流程

❶ **流程简图**

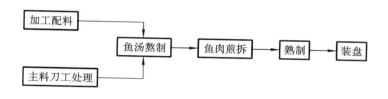

顺德拆鱼羹
制作视频

❷ **具体做法**

（1）加工配料：将生姜、竹笙、丝瓜、胡萝卜、木耳、冬菇、柠檬叶、马蹄切成长约 5 cm 的丝，粉丝切段（长约 5 cm），葱洗净后切成（长约 0.5 cm）葱花。

（2）主料刀工处理：鲈鱼初加工后，分别起出两条净鱼肉，鱼骨斩断。

（3）鱼汤熬制：热锅凉油，下姜片爆香，放入鱼骨，用中小火煎至金黄色，烹酒、下开水，大火熬制 30 min 至汤色奶白、浓稠，隔渣待用。

（4）鱼肉煎拆：鲈鱼肉用盐搅拌腌制 2 min，使鱼肉结实紧致。热锅凉油，先煎鲈鱼的一面，至金黄色，翻转煎另一面，至金黄焦香后，用筷子将鱼肉拆开，不能将鱼肉拆得太碎。

（5）熟制：烧热铁锅，下少量花生油，爆香姜丝，倒入鱼汤烧滚，先放一些相对不易熟的原料，如胡萝卜丝、竹笙丝、冬菇丝、木耳丝、马蹄丝等，烧滚约 2 min，再下丝瓜丝、粉丝段，加适量的盐、胡椒粉，烧滚约 1 min，放入拆好的鱼肉，用湿生粉推薄芡。

（6）装盘：鱼羹倒入汤锅，加入柠檬叶丝、葱花、榄仁、菊花便成。

准备原料（图示部分）

主料刀工处理

鱼汤熬制

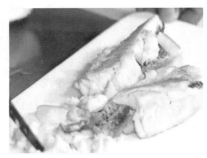
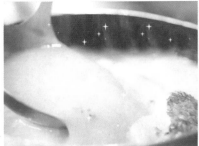

鱼肉煎拆　　　　　　　　　　熟制　　　　　　　　　　勾芡

制作要点

（1）鲈鱼初加工时要去除鱼血、鱼鳃、鱼鳞、内脏、内膜，避免腥味。

（2）鱼骨煎至金黄色，加入开水。

（3）鱼肉煎拆时，两面要煎至金黄焦香，不能将鱼肉拆得太碎。

（4）熟制时，注意每一种配料下鱼汤的时间，因为每一种配料受火的时间不同；配料煮制时间不能过长，要注意保持口感。

思 考 题

（1）鱼汤熬制时为什么要煎制及加入开水？

（2）熟制装盘后要添加哪些配料，各有什么作用？

（3）"顺德拆鱼羹"的成菜特点有哪些？

任务二　镬上叉烧

（1）了解菜肴"镬上叉烧"的成菜特点。

（2）掌握"叉烧汁"的调配与菜肴"镬上叉烧"的制作工艺流程，并能够独立完成菜肴的制作。

（3）培养学生安全操作、注意卫生和规范操作的良好习惯，能够认识不同的烹调技法所带来的菜肴效果，正确看待中餐烹调法的优越性。

镬上叉烧成品图

任务导入

凡是广东的粤菜馆，都少不了一份"金牌"叉烧。在粤菜馆吃饭时，人们已经很习惯地问服务员"你们家叉烧做得怎么样？"很多服务员会说："这是我们的招牌菜！"可见叉烧在粤菜中的地位。叉烧惹味香口、甜中带咸，肥肉甘化、瘦肉不柴。不仅有传统的肥叉，还有派生的黑叉、脆皮叉、炭叉、火叉等。叉烧制作方法可分为三种，一是炭火烧烤，二是烤箱焗，三是锅上煮。

广东的镬制叉烧，就是焖制的仿叉烧。镬制叉烧在广东的家庭、饭店和饭堂常见，除直接食用外，还可以作为包子、水晶饺、肠粉的馅料。镬制叉烧与明炉叉烧相比，风味不同，香味不及，但味道温和浓郁，食得舒服，只要选料得当，精心制作，效果也相当好。

制作镬上叉烧的材料有两种，一种是五花肉，三花两层肥瘦相间的为宜；另一种是猪颈肉，这部分的肉以瘦肉为主，中间略夹脂肪层，肉质特别好（但如有硬筋，要剔去），而且煮的过程中脂肪层会融化，令叉烧内略带油脂，口感更香美。

原　料

❶ **主配料**　五花肉 500 g、姜 10 g、蒜头 10 g、葱 10 g 等。

❷ **调料**　老抽 3 g、生抽 30 g、盐 8 g、鸡粉 10 g、冰糖 5 g、冰糖 90 g、高度数白酒 15 g、花生油 50 g、叉烧酱 10 g、八角 2 颗、香叶 2 片、桂皮 3 g。

镬上叉烧
制作视频

工艺流程

❶ **流程简图**

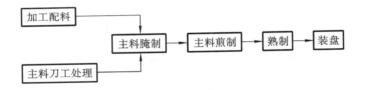

❷ **具体做法**

（1）加工配料：将姜切成大姜片，葱洗净后卷成葱结，蒜头拍裂。

（2）主料刀工处理：五花肉洗净去皮，切成长约 15 cm、厚约 4 cm 的件状。

（3）主料腌制：把切好的五花肉放入盘中，下盐、白糖、白酒、生抽（约 10 g），把葱揉碎和姜片一起放入，一起抓拌均匀。

（4）主料煎制：热锅凉油，去掉姜片、葱碎，放入五花肉，小火煎至金黄色，把五花肉部分油脂煎出来，倒掉煎出来的多余油脂。

（5）熟制：利用锅中的余油，爆香姜、葱、蒜，加入水，以刚刚浸过表面为宜，加入八角、香叶、桂皮，加入生抽、冰糖、白酒、老抽，把汁调成酱红色，最后加入叉烧酱，小火收汁至浓稠。

（6）装盘：把煮好的叉烧取出放凉，用斜刀切成 1 cm 厚的件状，最后淋上原汁便成。

准备原料（图示部分）

主料刀工处理

主料腌制

主料煎制

熟制

装盘

制作要点

（1）选用猪五花肉，洗净切件后用高度数白酒腌制 20 min，使肉件爽口入味。腌制时白糖不能放太多，以免煎制时容易焦煳。

（2）蒜要爆香后才加水烹制。

（3）在收汁时加入适量老抽调色。

（4）熟制时，为体现大咸大甜，生抽与冰糖的比例必须准确。

（5）焖制时，水不能太多，以刚刚没过肉表面即可。焖制时以中小火为宜。

思 考 题

（1）五花肉腌制时，为什么要加入高度数白酒？

（2）制作镬上叉烧时火候如何控制？

（3）"镬上叉烧"的成菜特点有哪些？

任务三　鲜果瘦肉汤

学习目标

（1）了解菜肴"鲜果瘦肉汤"的成菜特点与发展历程，学习"原炖法"的工艺特点。

（2）掌握菜肴"鲜果瘦肉汤"的制作工艺流程，并能够独立完成菜肴的制作。

（3）培养学生安全操作、注意卫生和规范操作的良好习惯，感受粤菜的"汤养"文化。

鲜果瘦肉汤成品图

任务导入

俗语说："宁可食无菜，不可食无汤。"汤，味道鲜美，且营养丰富，易于消化吸收。"汤文化"还传承了华夏饮食的精髓，折射出中华民族的智慧和创造力。

按制作方法，广东的汤可分为三大类：一滚二炖三老火。滚汤，其实类似于北方的"打汤"，三滚两滚即能食用，如紫菜肉丝汤等。炖汤是汤中贵族。炖汤需要用专门的器具，如具有双重盖的炖盅。器具材质通常有紫砂和白瓷两种，以前者为好。炖汤时将所有材料放入炖盅用绵纸密封，放进大蒸笼隔水炖五六个小时，热力不大却均匀绵长。老火汤是广东汤的特色，亦是粤人生活中饮食文化的代表。说到广东汤，在没有特指的情况下一般指老火汤。老火汤是煲制时间长、火候足、味鲜美的汤食。传统上常用瓦煲来煲，水开后放入汤料，煮沸后将火调小，慢慢煲制三五个小时而成。

广东汤具有很好的养生保健作用，渗透着中华民族"食医合一"的饮食理念。中医认为汤能健脾开胃、利咽润喉、温中散寒、补益强身，因此在我国民间流传有各种各样的"食疗汤"。而在几乎全民煲汤的广东，汤的养生保健作用则被发挥到了极致。而下面这款鲜果瘦肉汤具有生津止渴的作用。

原　料

❶ **主配料**　猪展肉 350 g、苹果 2 个（约 350 g）、无花果 3 个、桂圆肉 15 g、党参 15 g、蜜枣 1 粒、姜 2 g。

❷ **调料**　糯米酒 10 g、盐 7 g。

工艺流程

❶ **流程简图**

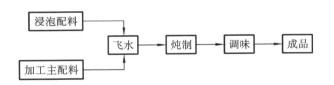

鲜果瘦肉汤
制作视频

❷ **具体做法**

（1）浸泡配料：将桂圆肉、无花果、党参、蜜枣放入清水中浸泡。

（2）加工主配料：先将猪展肉切成条状后改刀成粒状，大小要均匀；苹果去芯切成 4 块；姜切 3 片。

（3）飞水、炖制、调味：猪展肉飞水去血污，加入苹果块、桂圆肉、无花果、党参、蜜枣煮开之后关小火炖 3 h，调味即可饮用。

准备原料

浸泡配料

猪展肉改刀

冷水下锅

捞去浮沫

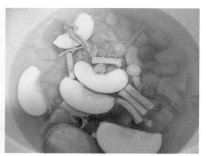
加入其他材料炖制

制作要点

（1）猪展肉一定要冷水下锅。

（2）大火煮沸后小火持续炖制。

（3）除了苹果外也可以用雪梨。

思 考 题

（1）为什么猪展肉要冷水下锅？

（2）加入糯米酒有什么作用？

Note

任务四　啫啫牛肉粒

（1）了解菜肴"啫啫牛肉粒"的成菜特点与发展历程，学习"汁焗法"的工艺特点。

（2）掌握常见"啫啫汁"的调配、菜肴"啫啫牛肉粒"的制作工艺流程，并能够独立完成菜肴的制作。

（3）培养学生安全操作、注意卫生和规范操作的良好习惯，感受粤菜中的"啫啫煲"文化。

啫啫牛肉粒成品图

任务导入

当食材放于瓦煲（瓦罉）中，经过极高温的烧焗后，瓦煲中的汤汁不断快速蒸发而发出"嗞嗞"声，"嗞嗞"粤语发音为"啫啫"，于是广州人便巧妙地将其命名为啫啫煲。啫啫煲最早是20世纪80年代在广州的大排档出现的，后来，粤菜酒楼中也流行起啫啫煲。这是餐桌上难得的风味。生鲜的食材直接放进烧得极热的瓦煲里煲制，瓦煲的储热功能极强，能瞬间将食材表面烹熟，

143

快速锁住水分，再配以葱、姜、蒜和各种酱汁爆香，出锅淋少许黄酒爆燃，香气四溢，口感极脆嫩。这种做法适合许多脆嫩但不易出水的原料，如黄鳝、鸡肉、鱼、带壳的虾等。

"啫啫煲"的制作大同小异，只要用新鲜的材料，掌握好火候和控制好水分，将酱汁裹在原料上，则焦香气十足。锅底只能见少许的汤汁，不能太多，制作时应干净利索。

原　料

❶ **主配料**　牛小排 350 g、干葱头 80 g、姜 80 g、蒜 80 g、西芹 20 g、洋葱 20 g、青红尖椒少许。

❷ **调料**　盐 10 g、白糖 5 g、生抽 15 g、蚝油 30 g、生粉 30 g、白兰地少许（1 g）、黑胡椒碎少许。

啫啫牛肉粒
制作视频

工艺流程

❶ **流程简图**

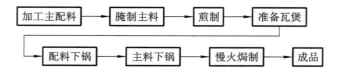

❷ **具体做法**

（1）加工主配料：先将牛小排切成拇指粒大小，大小要均匀；洋葱切菱形块；1 个蒜粒切两片；姜切滚刀块；干葱头切成 4 瓣；青红尖椒、西芹切菱形块。

（2）腌制主料：在牛小排中加入生抽、蚝油、白糖、黑胡椒碎、生粉等抓拌均匀备用。

（3）煎制：用平底锅煎制腌好的牛小排至两面焦香备用。

（4）焗制：将瓦煲烧热，加入少许花生油，加入姜块，再加入蒜片、葱头瓣、洋葱块爆香，倒入煎好的牛小排，盖上盖子，转中火焗制 5 min，转大火倒入白兰地，起盖倒入青红尖椒块、西芹块焗 15 s 即可出锅。

准备原料（图示部分）

牛小排切粒

腌制牛小排

加工配料

煎制牛小排

加配料爆香

制作要点

（1）选取肥瘦相间的牛小排进行制作。

（2）在煎制牛小排的过程中，锅一定要足够热。

（3）倒白兰地时要注意安全。

思 考 题

（1）如何腌制牛小排？

（2）为什么要加入白兰地？

（3）"啫啫牛肉粒"的成菜特点有哪些？

任务五 鲍汁扒鱼腐

学习目标

（1）了解菜肴"鲍汁扒鱼腐"的成菜特点与发展历程，学习"汁扒法"的工艺特点与鱼腐的配方。

（2）掌握鱼腐的制作与菜肴"鲍汁扒鱼腐"的制作工艺流程，并能够独立完成菜肴的制作。

（3）培养学生安全操作、注意卫生和规范操作的良好习惯，体验中国饮食的创造性，增强职业认同感。

任务导入

鲍汁扒鱼腐，这道菜不仅是对味蕾的极致诱惑，更是顺德饮食文化精髓与现代创新理念的完美交融。它承载着顺德厨师世代相传的手艺与对食材本味的极致追求，每一口都是对传统烹饪技艺的致敬。鲍汁的醇厚，源自精选鲍鱼的精心熬制，其色泽金黄诱人，香气浓郁而不腻，为这道菜奠定了高贵典雅的基调。而鱼腐，作为顺德特色食材，以细腻滑嫩、鲜美可口著称，两者相遇，仿佛是古老与现代的对话，传统与创新的碰撞，激发出令人难以忘怀的美味体验。这道菜不仅满足了食客对美食的挑剔要求，更在无形中传递着顺德人对食材的尊重、对烹饪艺术的热爱以及对生活品质的不懈追求。

原 料

❶ **主配料** 鲮鱼肉 50 g、鸡蛋 4 个、生菜 1 棵、生粉 100 g、清水 250 g。
❷ **料头** 蒜 50 g、姜 50 g、香葱 2 根。
❸ **调料** 盐 10 g、味精少许、糖少许、鲍汁 30 g、蚝油 30 g、麻油少量等。

工艺流程

❶ 流程简图

刮鱼青 → 制作鱼腐 → 烹制 → 装盘

鲍汁扒鱼腐
制作视频

❷ 具体做法

（1）刮青鱼：将带皮鲮鱼尾部固定在砧板上，从尾部入刀，向头部刮，刮下无骨的鱼肉（俗称鱼青），放入碗中备用。

（2）制作鱼腐：在鱼青中依次放入盐、味精、糖，用力搓匀，鱼肉起胶后再反复摔打，放一旁备用。另取一个碗，放入 25 g 生粉、150 g 清水，化开生粉，生粉水分次倒入鱼胶中，待第一次放入的生粉水和鱼肉搅拌起胶后放入第二次生粉水，第二次生粉水和鱼肉搅拌起胶后，倒入剩下的生粉水，继续搅拌至起胶。将 4 个鸡蛋清、2 个蛋黄搅匀，将搅匀后的蛋液倒入鱼肉中搅拌起胶。起锅烧油，油温至 100℃，左手挤出鱼丸，右手用汤羹挖入油锅中，炸熟后捞出控油备用。

（3）烹制：生菜洗干净后，用刀切成 4 等份，拍蒜，姜粒、葱花加工好备用，生菜焯水（俗称飞水），沥干水分后均匀地放在碟子上。热锅凉油（俗称猛锅阴油），放入姜、蒜炒香，依次倒入鲍汁、蚝油、生抽少许，小火炒香，加入清水烧开，加少许的盐、糖，倒入炸好的鱼腐焖 5 min，勾芡，撒入葱花，包尾油后即可装盘。

（4）装盘：用生菜围边、鱼腐放中间，用较深的碟子装盘。

准备原料（图示部分）

刮取鱼青

搅打上劲，制作鱼泥

鱼腐炸制

生菜焯水

焖制鱼腐

制作要点

（1）制作鱼腐时不能把鱼骨和鱼红肉刮进去，要保证鱼青洁白。

（2）炸鱼腐时油温不能过高，要保持在 100℃ 左右；鱼腐要分次炸，先炸的先捞出，防止过熟。

思 考 题

（1）搅拌鱼胶时，蛋液为什么要分次放？

（2）炸鱼腐时，如何保证汤羹不粘鱼胶？

（3）"鲍汁扒鱼腐"的成菜特点有哪些？

任务六　膏蟹蒸肉饼

学习目标

（1）了解菜肴"膏蟹蒸肉饼"的成菜特点与发展历程，学习"平蒸法"的工艺特点。

（2）掌握膏蟹的初加工处理与菜肴"膏蟹蒸肉饼"的制作工艺流程，并能够独立完成菜肴的制作。

（3）培养学生安全操作、注意卫生和规范操作的良好品质。

任务导入

顺德人蒸猪肉，由粗放的蒸肉片发展到细致的蒸肉饼。以前，广州十三行的大商家请火头，蒸肉饼是考题之一，鸦片战争前后，凤城厨师多赴穗（指广州）从厨，故对蒸肉饼的技艺研究透彻。顺德蒸肉饼以做工精细、味道鲜美、口感多样、老少咸宜著称。说起蒸肉饼，不能不讲到凤城名厨冯满、冯均兄弟，他们是大良隔岗人。他们在澳门开了一家龙记酒家，经营顺德菜。该店出品的各色肉饼脍炙人口，其中瑶柱肉饼、马鲛咸鱼肉饼、膏蟹肉饼、咸蛋肉饼让众多食客"食过返寻味"。这些肉饼虽然材料简单，但搭配合理，制作精巧。

原　　料

❶ **主配料**　膏蟹 1 只、猪梅肉 250 g、生姜 10 g、马蹄 50 g、葱花少许。

❷ **调料**　盐 10 g、糖 10 g、蚝油 5 g、料酒 10 g、生抽 10 g、生粉 20 g、胡椒粉少许等。

工艺流程

膏蟹蒸肉饼
制作视频

❶ **流程简图**

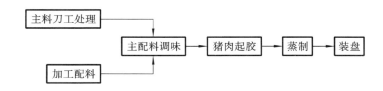

149

❷ 具体做法

（1）主料刀工处理：在膏蟹腹部切一刀，洗干净膏蟹表面的泥等污垢，再将刀插进蟹嘴里面，用左手大拇指抓住蟹盖，撬开蟹盖，拿出蟹膏，淡黄色蟹膏和橙黄色蟹膏分开放，将蟹切成大小均匀的块，蟹钳用刀背拍碎。

（2）加工配料：生姜切成末，马蹄切成粒，猪梅肉切成粒。

（3）主配料调味：取一个碗，放入猪肉粒、姜末、淡黄色的蟹膏，再加入盐、糖、生抽、蚝油、胡椒粉。

（4）猪肉起胶：用力把猪肉捞起胶，加入生粉、麻油捞匀，最后加入马蹄粒捞匀，然后均匀地铺放在圆碟上；把蟹肉放在肉饼上面并摆放整齐，将橙黄色蟹膏均匀地放在蟹肉上，最后放上蟹壳。

（5）蒸制：锅内放水烧开（或蒸柜上汽）后放入膏蟹肉饼，大火蒸 8 min 即可。

（6）装盘：出锅后撒上葱花，浇上热油。

准备原料（图示部分）

刀工处理膏蟹

把猪肉捞起胶

放上蟹壳

蒸制膏蟹肉饼

浇上热油

制作要点

（1）在处理膏蟹时要先绑住膏蟹，避免受伤。

（2）要在猪肉起胶后再放入马蹄，避免马蹄出水影响口感。

思 考 题

（1）肉饼加入生粉有什么作用？

（2）蒸制肉饼时要用什么火候？蒸制多长时间最适宜？

（3）"膏蟹蒸肉饼"的成菜特点有哪些？

任务七　煎焗无骨鸡块

学习目标

（1）了解菜肴"煎焗无骨鸡块"的成菜特点与发展历程，学习"煎焗法"的工艺特点与广东"煎焗"特色饮食文化。

（2）掌握鸡腿去骨的精加工工艺与菜肴"煎焗无骨鸡块"的制作工艺流程，并能够独立完成菜肴的制作。

（3）培养学生安全操作、注意卫生和规范操作的良好习惯，精益求精的钻研品质。

煎焗无骨鸡块成品图

任务导入

"煎"是指把原料放在有少量油的热锅内，使其在锅内平移或静止，令锅和油同时对原料进行加热的方法。"焗"是指在密闭的环境中用热气对原料加热的方法。在煎制的过程中加上锅盖，借助蒸汽使之完全成熟的烹调方法在顺德菜中称为"煎焗"。"煎焗"对技法要求极高，要使原料在短时间内锁住内部的水分，还要准确控制成熟度。"煎焗无骨鸡块"是顺德一道色香味俱全的传统名菜，通过将鸡块腌制并煎至焦香，盖上锅盖将料头、味汁的香鲜用大火诱发出来，在上菜的瞬间，立刻能感受到极致的香气冲击鼻腔，味感惊艳。

原　料

❶ **主配料**　鸡腿 250 g、青辣椒 30 g、红辣椒 30 g、洋葱 30 g。

❷ **料头**　蒜头 10 g、姜 10 g、葱 10 g。

❸ **调料**　盐 3 g、白糖 2 g、蜂蜜 3 g、蒜蓉辣椒酱 3 g、生抽 3 g、白兰地 5 g、白胡椒碎 1 g、蛋黄 1 个、生粉 20 g 等。

工艺流程

❶ **流程简图**

加工主料 → 加工配料 → 腌制鸡腿肉 → 熟制 → 装盘

煎焗无骨鸡块
制作视频

❷ **具体做法**

（1）加工主料：将鸡腿的跟腱绕圈切开，顺着鸡腿骨划开鸡腿肉，并将骨头与肉的连接处剔开，取出完整鸡腿肉，切成小块（约 3 cm × 3 cm）。

（2）加工配料：青辣椒洗净后切成菱形青辣椒片，红辣椒洗净后切成菱形红辣椒片，洋葱去皮后切成菱形洋葱片，蒜头去皮后切成蒜片，姜去皮后切成菱形姜片，葱洗净后切成（长约 4 cm）葱段。

（3）腌制鸡腿肉：在切好的鸡块中调入盐、生抽、蒜蓉辣椒酱、蛋黄等搅拌均匀，腌制入味，再加入生粉搅拌均匀，最后淋少许生油，保持水分。

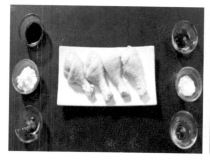
准备原料（图示部分）

取出鸡腿肉，改刀

加工配料

腌制鸡腿肉

煎制鸡块

放入配料

放入味水　　　　　　　　　　中大火，加盖　　　　　　　　出锅装盘

（4）熟制：热锅凉油，在锅中摆上腌制好的鸡块，中火煎至一面金黄后翻转再煎，然后放入青辣椒片、红辣椒片、洋葱片、蒜片、姜片和葱段，淋入白兰地、清水、生抽、蜂蜜调制的味水和撒入白胡椒碎，调中大火煎香煎熟。

（5）装盘：将做好的煎焗无骨鸡块装盘即可。

制作要点

（1）尽量选用带皮鸡肉进行制作，带皮鸡肉可以增加菜肴的焦香风味。

（2）熟制时适当多加油，以便均匀成熟和色泽金黄。

（3）淋白兰地时要从锅边加入，撒入白胡椒碎时要注意撒在鸡块上面。

（4）腌制过程中糖尽量少给，以免煎制时出现"糊点"。

思 考 题

（1）为什么不使用方便加工的鸡胸肉进行这道菜肴的制作呢？

（2）腌制时为什么要加入蛋黄呢？

（3）"煎焗无骨鸡块"的成菜特点有哪些？

Note

任务八　大良野鸡卷

（1）了解菜肴"大良野鸡卷"的成菜特点与发展历程，学习油脂和酒精的乳化反应。

（2）掌握菜肴"大良野鸡卷"的制作工艺流程，并能够独立完成菜肴的制作。

（3）培养学生安全操作、注意卫生和规范操作的良好习惯，精益求精的钻研品质。

大良野鸡卷成品图

任务导入

　　大良野鸡卷，别称大良肉卷。乍一听大良野鸡卷的名字，会想当然地认为是用野鸡肉制成的，殊不知这道菜其实是彻头彻尾的"无鸡食品"。关于野鸡卷的来历说法不一，在此仅介绍一则看起来最可信的：20世纪20年代时，大良有一家名店唤作宜春园，坐镇的是以烹制"雪耳鸡皮"闻名的董程师傅。董师傅一日眼见做雪耳鸡皮剩下的碎鸡皮和碎鸡肉只能被丢弃，觉得很浪费，就琢磨着如何进行废物利用。经过多番试验后，便有了大良野鸡卷的雏形，这时还是不折不扣的鸡卷。这道鸡卷问世后居然大受欢迎，风头甚至盖过了雪耳鸡皮。但由于本是以边角料制成，材料供不应求，于是董师傅便以猪肉取代鸡肉来制作，因此被称为"野鸡卷"（"野"字可解释为不正宗），味道却比用鸡肉做的更好。自此这道以猪肉做成的野鸡卷流传开来，并成为大良的名菜。

野鸡卷不完全以瘦肉制成，还同时用了肥膘和火腿。每种肉都有特定的选材要求：肥膘要取猪背部皮与肉之间的一层薄肥膘，并以酒和冰糖腌制成冰肉；瘦肉要取梅柳肉（里脊肉），即靠近腰部的里脊肉，最是软嫩鲜香，广式叉烧也需用这种肉；火腿则以云南宣威火腿为佳，借其鲜香。三种猪肉都处理妥当后，将肥膘同瘦肉都切成薄片，火腿则切成细条以作为野鸡卷的芯，以肥膘、瘦肉、火腿的顺序依次相叠再卷起。将肉卷切成象棋棋子状，以薄面浆封住开口，再滚上面粉下锅油炸至色泽金黄即可。

虽然用了猪肥膘并使用了炸法，但大良野鸡卷并不会让人觉得很肥腻。这要求对肥膘、瘦肉的配比进行精确的掌握，同时外层的面粉务求轻薄，这样下锅后也不会吸收太多的油，当然考究的话在炸完后还需吸去多余的油。野鸡卷的原料虽不复杂，但每一种都有着差异化而功能性的作用：肥膘提供了香，火腿增强了鲜，瘦肉带来了嫩，面粉则添上了脆，真可谓独具匠心。

原　料

❶ 主配料　猪里脊肉 250 g、猪肥膘肉 250 g。
❷ 调料　盐 3 g、糖 5 g、鸡粉 2 g、生抽 10 g、南乳 5 g、生粉少许、顺德二曲酒 1 瓶等。

工艺流程

❶ 流程简图

加工主料　→　腌制主料　→　卷制塑形　→　熟制定型　→　高温炸制　→　装盘

❷ 具体做法

（1）加工主料：将猪里脊肉用平刀法均匀片成 2 ～ 3 mm 厚的薄透肉片，将猪肥膘肉也用平刀法均匀片成 2 ～ 3 mm 厚的薄透肉片。

（2）腌制主料：将片好的猪里脊肉片、猪肥膘肉片分别放入碗中，并用顺德二曲酒浸泡猪肥膘肉片，抓匀后腌制 30 min 备用；在猪里脊肉片中加入盐 3 g、糖 5 g、生粉少许、南乳 5 g、生抽 5 g，抓拌均匀后，腌制 20 min 备用。

（3）卷制塑形：将腌制好的猪肥膘肉片正反面均匀地拍上生粉，放置在平铺的保鲜膜上排列整齐，再依次叠上一层腌制好的猪里脊肉片，沿着保鲜膜的底边将其压紧卷起。

（4）熟制定型：在卷好的肉卷上用牙签戳出若干排气孔后，用大火蒸制 15 ～ 20 min，再放入冰箱急冻，等待其冻硬定型。

（5）高温炸制：将冻硬定型的肉卷切成约 1 cm 的均匀厚片，剥开外层保鲜膜，在切好的肉卷表面拍上一层薄薄的干生粉后，将油加热至 180℃，放入肉卷炸制成通体金黄。

（6）装盘：将炸制成金黄、酥香的肉卷捞出进行装盘。

大良野鸡卷
制作视频

准备好猪肉　　　　　加工猪肉　　　　　腌制猪肉

平铺猪肉　　　　　压紧卷起　　　　　大火蒸制

冷冻　　　　　切片　　　　　炸制

装盘

制作要点

（1）顺德二曲酒可以乳化脂肪、增添酒香。

（2）肉卷卷制时要压实、压紧，避免出现空隙而影响炸制。

（3）在片猪肥膘肉时可以适当将刀放入热水中加热，以利于刀工处理。

思 考 题

（1）野鸡卷中的猪里脊肉是否可以替换成其他肉？

（2）是否可以不蒸制而直接炸熟？

（3）"大良野鸡卷"的成菜特点有哪些？

任务九 蚬肉生菜包

（1）了解菜肴"蚬肉生菜包"的成菜特点与发展历程。

（2）掌握菜肴"蚬肉生菜包"的制作工艺流程，并能够独立完成菜肴的制作。

（3）培养学生安全操作、注意卫生和规范操作的良好习惯，品味顺德"不时不食""应节做菜"的饮食文化特点。

蚬肉生菜包

任务导入

　　蚬肉生菜包是每年农历正月廿六顺德传统民俗活动"观音开库"时必吃的菜肴。作为地道的顺德传统美食，生菜包寓意良多。生菜取"生财"的寓意，蚬肉寓意显贵，韭菜寓意长久，吃生菜包希冀人财两旺，长久发达。其口感丰富又鲜美，深受顺德人的青睐。

　　顺德人喜欢用生菜叶包裹熟馅料现吃，名曰"生菜包"。起初吃生菜是为了在新的一年里，迎生气，迎春日，渐渐地演变成求财求子。如今吃生菜被赋予了新内涵，在一年一度的生菜盛会里，四方佳客会聚，品尝美味佳肴，欣赏喜庆节目，共行善举，齐享福德！

　　顺德水系发达，历来就是产蚬之区。蚬肉肉质柔软，无血无肠，味道鲜美。蚬肉生菜包更是一道普通人容易吃到而又爱吃的传统美肴。其味道佳、营养丰富，做法也十分简单快捷。

蚬肉鲜甜，生菜爽脆，韭菜花清香，生菜与蚬肉的搭配，让蚬肉少了腻味，多了清爽。蚬肉生菜包集鲜、香、脆、甜于一体，自包自食，风味别具，层次感丰富，让人齿颊留香。

原　料

❶ **主配料**　蚬肉 200 g、韭菜花 200 g、荞菜 100 g、腊肠 10 g、腊肉 10 g、青红辣椒各 10 g、姜 3 g、炸榄仁少许、泡椒少许、酸菜梗少许、蒜少许、马蹄 100 g、生菜叶 12 片。

❷ **调料**　盐 3 g、糖 5 g、料酒 3 g、蚝油 5 g、生抽 5 g、味精 2 g、生粉少许。

蚬肉生菜包
制作视频

工艺流程

❶ **流程简图**

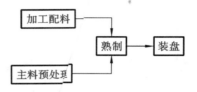

❷ **具体做法**

（1）加工配料：韭菜花切成粒（长约 1 cm），荞菜竖刀切成粒（长约 1 cm），马蹄竖刀切片后改刀切成均匀小粒，酸菜梗切均匀长条后改刀切小粒，泡椒切小粒，腊肉切细条后切粒，腊肠斜刀切薄片后切成细丝再切。姜切薄片而后切条，改刀切成姜粒；青红辣椒切去头部，沿中间一剖为二，剔除辣椒籽，改刀切成细条，再切成辣椒粒，装盘备用；脆嫩生菜叶逐一拆片，洗净后沥干多余水分，用剪刀剪成圆形巴掌大小。

（2）主料预处理：锅中加入数勺清水，待水微微沸腾时，倒入 200 g 蚬肉，焯煮至水沸，隔水备用。

（3）熟制：热锅凉油，边翻炒边抖动锅铲，用大火将蚬肉煸香。放入适量底油，将姜粒爆香，倒入腊肠粒、腊肉粒和酸菜梗粒激发风味。将煸过的蚬肉加入其中，爆香后捞出。留底油，放入荞菜粒、马蹄粒、韭菜花粒煸炒，而后放入少许盐、糖、味精调味，加入之前爆炒的主配料，

准备原料（图示部分）

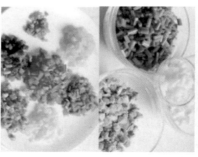

加工配料

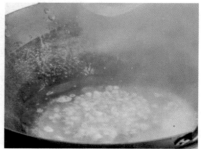

蚬肉焯水

爆香主配料

熟制

装盘

加入适量盐、糖、蚝油、生抽搅拌均匀，调成酱汁，倒入锅中猛火兜炒，翻出汹涌锅气，使其鲜香四溢。

（4）装盘：生菜叶沿边摆盘，将炒好的菜品摆入生菜中央，撒上酥脆的炸榄仁后即可。

制作要点

（1）注意各原料的分量配比及切配的尺寸。

（2）注意把蚬肉上的沙粒清洗干净。

（3）注意蚬肉的处理方式。

思 考 题

（1）如何将蚬肉上的沙粒清洗干净？

（2）熟制前为什么要将蚬肉进行焯水处理？

（3）"蚬肉生菜包"的成菜特点有哪些？

任务十　凤城小炒皇

（1）了解菜肴"凤城小炒皇"的成菜特点与发展历程。

（2）掌握菜肴"凤城小炒皇"的制作工艺流程，并能够独立完成菜肴的制作。

（3）培养学生安全操作、注意卫生和规范操作的良好习惯，品味顺德"不鲜不食"的饮食文化特点。

凤城小炒皇成品图

任务导入

　　顺德菜讲究"不鲜不食"，烹饪时力求保留食材之鲜。凤城小炒皇就是运用猛烈的火力留存食材本味，色、香、味、形俱全的菜肴。其入口既有韭菜花的脆嫩，海鲜的鲜香，又有炸芋丝或炸葛丝的香脆，口感十分丰富。凤城小炒皇从一道家常的顺德小炒，到现在人尽皆知的小炒名菜，无论是历史渊源、制作手法，还是配料口感，都有着与众不同的讲究。

　　凤城指的是顺德大良。该名称起源于大良的一座山，这座山叫凤山，其因山体形似凤凰而得名，所以大良也叫作凤城。到后来，大家就直接把顺德也称为凤城。

Note

　　自古以来，顺德就是有名的富庶之地，当地人喜用本地物产精心烹调，整体厨艺颇高。21世纪初，到广州、港澳及东南亚一带做厨师的顺德人日渐增多，顺德菜逐渐驰名于外，并渐成"食在广东，厨出凤城"之说。

　　凤城小炒皇中"小"和"皇"是这道菜的两个关键字。先说说这个"小"，顾名思义，这道菜用小锅小料烹炒，这是各地"小炒皇"的共性；而这个"皇"字则是突出了这道菜的特性——选材因地制宜，但一定要将当地食材的美味发挥到极致。因此"小炒皇"并无定式，但选用的食材一定要香口、惹味、易熟、色鲜。

原　料

❶ **主配料**　韭菜花 300 g、红辣椒 10 g、黄圆椒 10 g、虾干 30 g、萝卜干粒 50 g、花甲肉 100 g、炸葛丝 20 g。

❷ **料头**　蒜 5 g、生姜 3 g。

❸ **调料**　盐 4 g、糖 2 g、鸡精 3 g、生抽 5 g、蚝油 10 g、料酒少许。

凤城小炒皇
制作视频

工艺流程

❶ **流程简图**

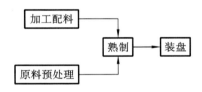

❷ **具体做法**

（1）加工配料：生姜用刀面拍扁后切为姜末，蒜拍碎后切为蒜末，韭菜花切成段（长约 4 cm），红辣椒切头去籽切成粗如韭菜花的丝（长约 4 cm），黄圆椒也改刀切成如韭菜花粗的丝。

（2）原料预处理：宽油、小火依次下入花甲肉、萝卜干粒和泡好的虾干，炸至干爽焦香备用。

准备原料（图示部分）　　　　　　加工配料　　　　　　　　　原料预处理

热锅凉油煸香姜末、蒜末

熟制调味

装盘

（3）熟制：热锅凉油，放入姜末、蒜末煸香，再加入韭菜花段，用大火炒至半熟后，放入红辣椒丝、黄圆椒丝和预处理后的虾干、花甲肉、萝卜干粒，大火兜炒，充分释放鲜香，调入盐 4 g、糖 2 g、鸡精 3 g、蚝油 10 g、生抽 5 g、料酒少许，猛火急攻，快速翻炒使之迅速熟成，加入一半炸葛丝后快速炒匀上盘。

（4）装盘：上盘后撒上剩下的炸葛丝于表面即可。

制作要点

（1）要用猛火快速地煸炒。

（2）低油温浸炸海鲜可以为海鲜增添别样的风味。

思 考 题

（1）熟制时猛火急攻的作用是什么？

（2）加工配料中，切韭菜花丝、红辣椒丝、黄圆椒丝时遵循了配菜的什么原则？

（3）"凤城小炒皇"的成菜特点有哪些？

[1] 廖锡祥 . 顺德原生美食：上册 [M]. 广州：广东科技出版社，2015.

[2] 廖锡祥 . 顺德原生美食：下册 [M]. 广州：广东科技出版社，2015.

[3] 王俊光 . 顺德传统菜肴制作 [M]. 广州：广东高等教育出版社，2019.

Note